"十四五"时期国家重点出版物出版专项规划项目

航天先进技术研究与应用/电子与信息工程系列

"双一流"建设精品出版工程

数字电路创新实验与综合设计教程

DIGITAL CIRCUIT INNOVATION EXPERIMENT AND COMPREHENSIVE DESIGN COURSE

（第2版）

刘金龙　刘海成　刘宇山　侯成宇　主编

U0222513

新形态教材

哈爾濱工業大學出版社

HARBIN INSTITUTE OF TECHNOLOGY PRESS

内容简介

本书分为 3 章,第 1 章是数字电路实验基础知识,主要介绍数字集成电路的分类、特点和数字电路实验相关的基本操作等;第 2 章是基本实验,共介绍了 2 个实验内容和 2 个实验工具;第 3 章是实验设计,介绍了 16 个经典实验。本书的内容编排注重结合数字电路的工程应用实际和技术发展方向,在帮助学生验证、消化和巩固基础理论的同时,努力培养学生的工程素养和创新能力。实验原理部分注意引导学生理解数字集成电路的构成原理、电气特性和实际应用,培养学生的工程意识;实验内容安排由浅入深、循序渐进、前后呼应,在配合理论教学的同时,注意引导学生运用所学知识解决工程实际问题;在思考题的设计上注重进一步引导学生分析和思考工程实际问题,激发学生的创新思维。

本书可作为高等学校电子信息类、计算机类"电子技术基础实验""数字电子电路实验"等课程的教材,也可供相关工程技术人员、教师和学生参考。

图书在版编目(CIP)数据

数字电路创新实验与综合设计教程/刘金龙等主编.
2 版. —哈尔滨:哈尔滨工业大学出版社,2025.3
(航天先进技术研究与应用系列). —ISBN 978-7-5767
-1813-3

Ⅰ.TN79

中国国家版本馆 CIP 数据核字第 2025FU1422 号

策划编辑　许雅莹
责任编辑　丁桂焱　张　权
封面设计　屈　佳
出版发行　哈尔滨工业大学出版社
社　　址　哈尔滨市南岗区复华四道街 10 号　邮编 150006
传　　真　0451—86414749
网　　址　http://hitpress.hit.edu.cn
印　　刷　哈尔滨久利印刷有限公司
开　　本　787mm×1092mm　1/16　印张 8.25　字数 211 千字
版　　次　2021 年 8 月第 1 版　2025 年 3 月第 2 版
　　　　　2025 年 3 月第 1 次印刷
书　　号　ISBN 978-7-5767-1813-3
定　　价　38.00 元

第 2 版前言

PREFACE

"数字电路综合设计"是电子、信息、雷达、通信、测控、计算机、电力系统及自动化等电类专业和机电一体化等非电类专业的一门重要的专业基础课,具有较强的理论性和工程实践性。数字电子技术实验是"数字电路与逻辑设计"课程的实践教学环节。本书是在总结多年数字电子技术实践教学改革经验的基础上,综合考虑了理论课程特点和技术发展趋势,为适应当前创新型人才培养目标要求而编写的。本书从本科学生实践技能和创新意识的早期培养着手,注重结合数字电路的工程应用实际和发展方向,在帮助学生验证、消化和巩固基础理论的同时,注意引导学生思考和解决工程实际问题,激发学生的创新思维,培养学生的工程素养和创新能力,促进学生"知识""能力"水平的提高和"综合素质"的培养。

作为数字电子技术实验课的选用教材,其内容设置是否科学合理将在一定程度上影响实验课的教学质量和教学效果。本书编写的特点是从基础性、验证性实验到综合性、创新性实验,由浅入深、循序渐进、层次分明。基础性、验证性实验配合理论教学,帮助学生建立对理论知识的感性认识,促进理论学习;综合性、设计性实验引导学生学习数字电路系统的设计思路和设计方法,检验和培养学生综合运用所学知识来分析、解决工程实际问题的能力,提高学生的工程素养,激发其创新思维。

为适应现代教育发展需求,本书相比第 1 版引入了新形态教材建设理念,加入了 AI 问答机器人、实验操作视频、课程讨论社区和虚拟仿真实验等线上环节,有效提升了学生的学习兴趣与积极性,增强了学习效果与理解能力,有助于培养学生的自主学习能力与创新思维。

本书在编写过程中,吴芝路教授、尹振东教授、杨柱天教授提出了许多宝贵的意见和建议,在此表示衷心感谢。

由于编者水平有限,书中不妥之处恳请读者批评指正。

编 者
2024 年 10 月

目　　录

CONTENTS

第1章

概　述

"数字电路综合设计"是一门实践性很强的专业基础课,实验是"数字电路与逻辑设计"课程重要的教学环节。学生通过实验可对数字集成电路从外形到功能有感性认识,并通过从简单到复杂的数字逻辑设计,提高逻辑设计、实践、验证及排错能力,加深对课堂所学知识的理解。

1.1　数字集成电路的分类、特点及注意问题

当今,数字电路几乎已完全集成化。因此,充分掌握和正确使用数字集成电路,用以构成数字逻辑系统,就成为数字电子技术的核心内容之一。

数字集成电路按集成度可分为小规模、中规模、大规模和超大规模等。小规模集成电路(small scale integration,SSI)的集成度为 1~10 个门/片,通常为逻辑单元电路,如逻辑门、触发器等;中规模集成电路(medium scale integration,MSI)的集成度为 10~100 门/片,通常是逻辑功能电路,如译码器、数据选择器、计数器、寄存器等;大规模集成电路(large scale integration,LSI)的集成度为 100 门/片以上;超大规模集成电路(very large scale integration,VLSI)的集成度为 1 000 门/片以上,通常是一个小的数字逻辑系统。现已制成规模更大的极大规模集成电路。

数字集成电路还可分为双极型集成电路和单极型集成电路两种。双极型集成电路中有代表性的是晶体管—晶体管逻辑(transistor-transistor logic,TTL)集成电路;单极型集成电路中有代表性的是互补金属氧化物半导体(complementary metal oxide semiconductor,CMOS)集成电路。国产 TTL 集成电路的标准系列为 CT54/74 系列或 CT0000 系列,其功能和外引线排列与国际 54/74 系列相同。国产 CMOS 集成电路主要为 CC(CH)4000 系列,其功能和外引线排列与国际 CD4000 系列相对应。高速 CMOS 系列中,74HC 和 74HCT 系列与 TTL74 系列相对应,74HC4000 系列与 CC4000 系列相对应。

必须正确了解集成电路参数的意义和数值,并按规定使用。特别是必须严格遵守极限参数的限定,因为即使瞬间超出也会使器件遭受损坏。

1. TTL 器件的特点

(1)输入端一般有钳位二极管,减少了反射干扰的影响。

(2)输出电阻低,增强了带容性负载的能力。

(3)有较大的噪声容限。

(4)采用＋5 V 的电源供电。

为了正常发挥器件的功能,应使器件在推荐的条件下工作,对 CT0000 系列(74LS 系列)器件,主要条件有:

(1)电源电压应在 4.75～5.25 V 的范围内。

(2)环境温度为 0～70 ℃。

(3)高电平输入电压 V_{IH}≥2 V,低电平输入电压 V_{IL}＜0.8 V。

(4)输出电流应小于最大推荐值(查手册)。

(5)工作频率不能高,一般的门和触发器的最高工作频率为 30 MHz 左右。

2. TTL 器件使用注意问题

(1)电源电压应严格保持在(1±10％)×5 V 的范围内,过高易损坏器件,过低则不能正常工作,实验中一般采用稳定性好、内阻小的直流稳压电源。使用时,应特别注意电源与地线不能错接,否则会因过大电流而造成器件损坏。

(2)多余输入端最好不要悬空,虽然悬空相当于高电平,并不能影响与门(与非门)的逻辑功能,但悬空时易受干扰,为此,与门、与非门多余输入端可直接接到 V_{CC} 上,或通过一个公用电阻(几千欧)接到 V_{CC} 上。若前级驱动能力强,则可将多余输入端与使用端并接,不用的或门、或非门输入端直接接地,与或非门不用的与门输入端至少有一个要直接接地,带有扩展端的门电路,其扩展端不允许直接接电源。若输入端通过电阻接地,电阻值的大小将直接影响电路所处的状态。当 R≤680 Ω 时,输入端相当于逻辑"0";当 R≥4.7 kΩ 时,输入端相当于逻辑"1"。对于不同系列的器件,要求的阻值不同。

(3)输出端不允许直接接电源或接地,有时为了使后级电路获得较高的输出电平,允许输出端通过电阻 R 接至 V_{CC},一般取 R＝3～5.1 kΩ;不允许直接并联使用(集电极开路门和三态门除外)。

(4)应考虑电路的负载能力(即扇出系数),要留有余地,以免影响电路的正常工作。扇出系数可通过查阅器件手册或计算获得。

(5)在高频工作时,应通过缩短引线、屏蔽干扰源等措施,抑制电流的尖峰干扰。

3. CMOS 数字集成电路的特点

(1)静态功耗低。电源电压 V_{DD}＝5 V 的中规模电路的静态功耗小于 100 μW,从而有利于提高集成度和封装密度,降低成本,减小电源功耗。

(2)电源电压范围宽。4000 系列 CMOS 集成电路的电源电压范围为 3～18 V,从而使选择电源的余地大,电源设计要求低。

(3)输入阻抗高。正常工作的 CMOS 集成电路,其输入端保护二极管处于反偏状态,直流输入阻抗可大于 100 MΩ,在工作频率较高时应考虑输入电容的影响。

(4)扇出能力强。在低频工作时,一个输出端可驱动 50 个以上的 CMOS 集成电路的输入端,这主要因为 CMOS 集成电路的输入电阻高。

(5)抗干扰能力强。CMOS 集成电路的电压噪声容限可达电源电压的 45％,而且高电平和低电平的噪声容限值基本相等。

(6)逻辑摆幅大。空载时,输出高电平 V_{OH}＞(V_{DD}－0.05 V),输出低电平 V_{OL}＜(V_{SS}＋0.05 V)。

CMOS 集成电路还有较好的温度稳定性和较强的抗辐射能力。不足之处是,一般

CMOS集成电路的工作速度比TTL集成电路低,功耗随工作频率的升高而显著增大。

CMOS集成电路的输入端和V_{SS}之间接有保护二极管,除了电平变换器等一些接口电路外,输入端和正电源V_{DD}之间也接有保护二极管,因此,在正常运转和焊接CMOS集成电路时,一般不会因感应电荷而损坏器件,但在使用CMOS数字集成电路时,输入信号的低电平不能低于$(V_{SS}-0.5\text{ V})$,除某些接口电路外,输入信号的高电平不得高于$(V_{DD}+0.5\text{ V})$,否则可能引起保护二极管导通甚至损坏,进而可能使输入级损坏。

4. CMOS集成电路使用注意事项

(1)电源连接和选择。V_{DD}端接电源正极,V_{SS}端接电源负极(地)。绝对不许接错,否则器件会因电流过大而损坏。对于电源电压范围为3～18 V系列器件,如CC4000系列,实验中V_{DD}通常接+5 V电源。V_{DD}电压选在电源变化范围的中间值,例如电源电压在8～12 V之间变化,则选择$V_{DD}=10$ V较恰当。CMOS集成电路在不同的V_{DD}值下工作时,其输出阻抗、工作速度和功耗等参数都有所变化,设计中须考虑。

(2)输入端处理。多余输入端不能悬空。应按逻辑要求接V_{DD}或接V_{SS},以免受干扰造成逻辑混乱,甚至损坏器件。对于工作速度要求不高,而要求增加带负载能力时,可把输入端并联使用。

对于安装在印刷电路板上的CMOS集成电路,为了避免输入端悬空,在电路板的输入端应接入限流电阻R_P和保护电阻R,当$V_{DD}=+5$ V时,R_P取5.1 kΩ,R一般取100 kΩ～1 MΩ。

(3)输出端处理。输出端不允许直接接V_{DD}或V_{SS},否则将导致器件损坏。除三态(tri-state,TS)器件外,不允许两个不同芯片输出端并联使用,但有时为了增加驱动能力,同一芯片上的输出端可以并联。

(4)对输入信号V_I的要求。V_I的高电平$V_{IH}<V_D$,V_I的低电平V_{IL}小于电路系统允许的低电压;当器件V_{DD}端未接通电源时,不允许信号输入,否则将使输入端保护电路中的二极管损坏。

1.2　集成电路外引线的识别

使用集成电路前,必须认真查对识别集成电路的引脚,确认电源、地、输入、输出、控制等端的引脚号,以免因接错而损坏器件。引脚排列的一般规律如下。

(1)圆形集成电路。识别时,面向引脚正视,从定位销顺时针方向依次为1,2,3,…,如图1.1.1(a)所示。圆形多用于集成运放等电路。

(2)扁平型和双列直插型集成电路。识别时,将文字、符号标记正放(一般集成电路上有一圆点或有一缺口,将圆点或缺口置于左方),由顶部俯视,从左下脚起,按逆时针方向数,依次为1,2,3,…,如图1.1.1(b)所示。在标准形TTL集成电路中,电源端V_{CC}一般排列在左上端,接地端GND一般排在右下端,如74LS00为14脚芯片,14脚为V_{CC},7脚为GND。若集成电路芯片引脚上的功能标号为NC,则表示该引脚为空脚,与内部电路不连接。扁平型多用于数字集成电路,双列直插型广泛用于模拟和数字集成电路。

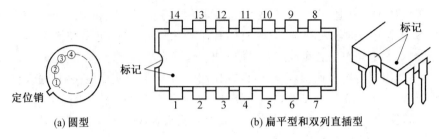

图 1.1.1　集成电路外引线的识别

1.3　数字逻辑电路的测试方法

1. 组合逻辑电路的测试

组合逻辑电路测试的目的是验证其逻辑功能是否符合设计要求，也就是验证其输出与输入的关系是否与真值表相符。

（1）静态测试。静态测试是指在电路静止状态下测试输出与输入的关系。将输入端分别接到逻辑电平开关上，用电平显示灯分别显示各输入和输出端的状态。按真值表将输入信号一组一组地依次送入被测电路，测出相应的输出状态，与真值表相比较，借以判断此组合逻辑电路静态工作是否正常。

（2）动态测试。动态测试是指测量组合逻辑电路的频率响应。在输入端加上周期性信号，用示波器观察输入、输出波形。测出与真值表相符的最高输入脉冲频率。

2. 时序逻辑电路的测试

时序逻辑电路测试的目的是验证其状态的转换是否与状态图或时序图相符合。可用电平显示灯、数码管或示波器等观察输出状态的变化。常用的测试方法有两种，一种是单拍工作方式，以单脉冲源作为时钟脉冲，逐拍进行观测，判断输出状态的转换是否与状态图相符；另一种是连续工作方式，以连续脉冲源作为时钟脉冲，用示波器观察波形，判断输出波形是否与时序图相符。

1.4　数字电路实验的基本过程

数字电路实验的基本过程包括确定实验内容、选定最佳的实验方法和实验线路、拟出较好的实验步骤、合理选择仪器设备和元器件、进行连接安装和调试、写出完整的实验报告。

在进行数字电路实验时，充分掌握和正确利用集成器件及其构成的数字电路独有的特点和规律，可以起到事半功倍的效果。对于完成每一个实验，应做好实验预习、实验记录和实验报告等环节。

1. 实验预习

认真预习是做好实验的关键。预习好坏不仅关系到实验能否顺利进行，而且直接影响实验效果。预习应按本教材的实验预习要求进行，在每次实验前首先要认真复习有关实验的基本原理，掌握有关器件的使用方法，对如何着手实验做到心中有数。在有条件的情况下利用仿真软件对所预习的实验内容进行验证,以保证所预习设计的内容正确,这样不但可拓宽设计思路,也可大大节省在实验室操作的时间和排错的时间,提高实验效率。通过预习还应做好实验前的准备,写出一份预习报告,预习报告应包括如下内容。

(1)绘出设计好的实验电路图,该图应该是逻辑图和连线图的混合,既便于连接线,又反映电路原理,并在图上标出元器件型号、使用的引脚号及元器件数值,必要时还须用文字说明。若逻辑设计采用硬件描述语言,则须给出源程序及必要的文字说明。

(2)拟定实验方法和步骤。

(3)拟好记录实验数据的表格和波形坐标,并记录预习的理论值。

(4)列出元器件清单。

2. 实验记录

实验记录是实验过程中获得的第一手资料。测试过程中所测试的数据和波形必须和理论基本一致,所以记录必须清楚、合理、正确,若不正确,则要现场及时重复测试,找出原因。实验记录应包括如下内容。

(1)实验任务、名称及内容。

(2)实验数据和波形及实验中出现的现象,从记录中应能初步判断实验的正确性。

(3)记录波形时,应注意输入、输出波形的时间相位关系,在坐标中上下对齐。

(4)实验中实际使用的仪器型号和编号及元器件使用情况。

3. 实验报告

实验报告是培养学生科学实验的总结能力和分析思维能力的有效手段,也是一项重要的基本功训练,它能很好地巩固实验成果,加深对基本理论的认识和理解,从而进一步扩大知识面。实验报告是一份技术总结,要求文字简洁,内容清楚,图表工整。

报告内容应包括实验目的、实验内容和结果、实验使用仪器和元器件,以及分析讨论等,其中实验内容和结果是报告的主要部分,它应包括实际完成的全部实验,并且要按实验任务逐个书写,每个实验任务应有如下内容。

(1)实验课题的方框图、逻辑图(或测试电路)、状态图、真值表及文字说明等。对于设计性课题,还应有整个设计过程和关键的设计技巧说明。

(2)实验记录及经过整理的数据、表格、曲线和波形图。其中表格、曲线和波形图应充分利用专用实验报告简易坐标格、三角板、曲线板等工具描绘,力求画得准确,不得随手示意画出。

(3)实验结果分析、讨论及结论。对讨论的范围没有严格要求,一般应对重要的实验现象、结论加以讨论,以便进一步加深理解。此外,对实验中的异常现象可做一些简要说明,实验中有何收获,可谈一些心得体会。

1.5　数字电路实验中操作规范和常见故障检查方法

1. 操作规范

实验中操作的正确与否对实验结果影响甚大。因此,实验者需要注意按以下规程进行实验。

(1)搭接实验电路前,应对仪器设备进行必要的检查校准。针对导线是否导通,可用万用表进行测量;针对所用集成电路是否完好,可搭接简单电路进行功能测试。

(2)搭接电路时,应遵循正确的布线原则和操作步骤,即要按照先接线后通电,做完后,先断电再拆线的步骤。

(3)掌握科学的调试方法,有效分析并检查故障,以确保电路工作稳定可靠。

(4)仔细观察实验现象,完整准确地记录实验数据并与理论值进行比较分析。

(5)实验完毕,经指导教师同意后,方可关断电源拆除连线,整理好放在实验箱内,并将实验台清理干净、摆放整洁。

2. 布线原则

布线原则是指应便于检查、排除故障和更换元器件。在数字电路实验中,由错误布线引起的故障常占很大比例。布线错误不仅会引起电路故障,严重时甚至会损坏元器件,因此,注意布线的合理性和科学性是十分必要的,正确的布线原则大致有以下几点。

(1)接插集成电路芯片时,先校准两排引脚,使之与实验底板上的插孔对应,轻轻用力将芯片插上,然后在确定引脚与插孔完全吻合后,再稍用力将其插紧,以免集成电路的引脚弯曲、折断或者接触不良。

(2)不允许将集成电路芯片方向插反。一般 IC 芯片的方向是缺口(或标记)朝左,引脚序号从左下方的第一个引脚开始,按逆时针方向依次递增至左上方的第一个引脚。

(3)布线时,最好采用各种色线以区分不同用途,如电源线用红色,地线用黑色。

(4)布线应有秩序地进行,随意乱接容易造成漏接错接。较好的方法是首先接好固定电平点,如电源线、地线、门电路闲置输入端、触发器异步置位复位端等;其次,再按信号源的顺序从输入到输出依次布线。

(5)连线应避免过长,避免从集成元器件上方跨接和过多的重叠交错,以利于布线、更换元器件及故障检查和排除。

(6)当实验电路的规模较大时,应注意集成器件的合理布局,以便得到最佳布线。布线时,顺便对单个集成器件进行功能测试,这是一种良好的习惯,这样做不会增加布线工作量。

(7)应当指出,布线和调试工作是不能截然分开的,往往需要交替进行,针对元器件很多的大型实验,可将总电路按功能划分为若干相对独立的部分,逐个布线、调试(分调),然后将各部分连接起来(联调)。

3. 故障检查

实验中,如果电路不能完成预定的逻辑功能,就称电路有故障,产生故障的原因大致可以归纳为以下四个方面。

(1)操作不当(如布线错误等)。

(2)设计不当(如电路出现险象等)。

(3)元器件使用不当或功能不正常。

(4)仪器(主要指数字电路实验箱)和集成器件本身出现故障。

因此,上述四点应作为检查故障的主要线索,以下介绍几种常见的故障检查方法。

(1)查线法。在实验中大部分故障都是由于布线错误引起的,因此,在故障发生时,复查电路连线为排除故障的有效方法。应着重注意:导线是否导通,有无漏线、错线;导线与插孔接触是否可靠;集成电路是否插牢、插反、完好等。

（2）观察法。用万用表直接测量各集成块的V_{CC}端是否加上电源电压,输入信号、时钟脉冲等是否加到实验电路上,观察输出端有无反应。重复测试观察故障现象,然后对某一故障状态,用万用表测试各输入/输出端的直流电平,从而判断是否是插座板、集成块引脚连接线等原因造成的故障。

（3）信号注入法。在电路的每一级输入端加上特定信号,观察该级输出响应,从而确定该级是否有故障,必要时可以切断周围连线,避免相互影响。

（4）信号寻迹法。在电路的输入端加上特定信号,按照信号流向逐级检查是否有响应和是否正确,必要时可多次输入不同信号。

（5）替换法。对于多输入端元器件,如有多余端则可调换另一输入端试用。必要时可更换元器件,以检查是否为元器件功能不正常所引起的故障。

（6）动态逐线跟踪检查法。对于时序电路,可输入时钟信号按信号流向依次检查各级波形,直到找出故障点为止。

（7）断开反馈线检查法。对于含有反馈线的闭合电路,应设法断开反馈线进行检查,或状态预置后再进行检查。

以上检查故障的方法是指在仪器正常工作的前提下进行的,如果实验时电路功能测不出来,则应首先检查供电情况。若电源电压已加上,便可把有关输出端直接接到0－1显示器上检查,若逻辑开关无输出,或单次CP无输出,则是开关接触不好或是内部电路损坏,一般就是集成器件损坏。

需要强调指出,实验经验对于故障检查是大有帮助的,但只要充分预习,掌握基本理论和实验原理,也不难用逻辑思维的方法较好地判断和排除故障。

1.6　实　验　要　求

1. 实验前的要求

（1）认真阅读实验指导书,明确实验目的要求,理解实验原理,熟悉实验电路及集成芯片,拟出实验方法和步骤,设计实验表格。

（2）完成实验指导书中有关预习的相关内容。

（3）初步估算（或分析）实验结果（包括各项参数和波形）,写出预习报告。

（4）对实验内容应提前设计并使用EDA软件仿真验证,将有关数据写入预习报告中。

2. 实验中的要求

（1）参加实验者要自觉遵守实验室规则。

（2）实验时要严肃认真,并保持安静、整洁的实验环境。

（3）严禁带电接线、私自拆线或改接线路。

（4）根据实验内容,准备好实验所需的仪器设备和装置,并安放适当。按实验方案选择合适的集成芯片,连接实验电路和测试电路。

（5）实验前应检查实验仪器编号与座位号是否相同,仪器设备不准随意搬动调换。非本次实验所用的仪器设备,未经老师允许不得动用。若损坏仪器设备,必须立即报告老师,做书面检查,责任事故要酌情赔偿。

(6)认真记录实验条件和所得各项数据、波形。发生小故障时,应独立思考,耐心排除,并记下排除故障的过程和方法。实验过程不顺利并不是坏事,常常可以从分析故障中增强独立工作的能力。相反,实验"一帆风顺"不一定收获大,能独立解决实验遇到的问题,把实验做成功,收获才是最大的。

(7)若仪器发生焦味、冒烟故障,应立即切断电源,保护现场,并报告指导老师和实验室工作人员,等待处理。

(8)实验结束后,需指导老师检查签字,经老师同意后方可拆除线路,清理现场。

3. 实验后的要求

实验后要求学生认真写好实验报告(含预习内容)。

(1)实验报告(含预习内容)的内容。

①实验目的。

②列出实验的环境条件,使用的主要仪器设备的名称编号,集成芯片的型号、规格、功能或者使用的软件环境。

③详细记录实验操作步骤,认真整理和处理测试的数据,绘制实验电路图和测试的波形,并列出表格或用坐标纸画出曲线。

④对测试结果进行理论分析,做出简明扼要的结论。找出产生误差的原因,提出减少实验误差的措施。

⑤记录产生故障的情况,说明排除故障的过程和方法。

⑥写出本次实验的心得体会,以及改进实验的建议。

(2)实验报告(含预习内容)的要求。

文理通顺、书写简洁、符号标准、图表规范、讨论深入、结论简明。

第 2 章

基 本 实 验

实验一　实验设备认知及集成门电路测试

一、实验目的

(1)熟悉数字电路实验教学平台及示波器、万用表的使用方法。

(2)熟悉门电路逻辑功能测试方法。

(3)了解门电路常用参数测试方法。

(4)观测门电路悬空脚物理现象。

二、实验预习要求

(1)复习基本门电路的逻辑功能及逻辑函数表达式。

(2)复习实验中使用的各芯片结构和管脚图(附录Ⅰ)。

(3)复习实验所用的相关原理。

(4)了解示波器、万用表的原理及使用方法。

三、实验原理

测试门电路的逻辑功能有以下两种方法。

(1)静态测试法。静态测试法是指给门电路输入端加固定高、低电平,用万用表、发光二极管等测输出电平。

(2)动态测试法。动态测试法是指给门电路输入端加一串脉冲信号,用示波器观测输入波形与输出波形的关系。

四、实验仪器及设备

(1)数字电路实验箱。

(2)双踪示波器、万用表。

(3)元器件有 74LS00、74LS04、CD4011、74LS125。

五、实验内容

实验前应先检查实验箱电源是否正常,然后选择实验用的集成电路,按自己设计的实验接线图接好连线,特别注意 V_{cc} 及地线不能接错。线接好后检查无误方可通电实验。实验中改动接线须先断开电源,接好线后再通电实验。

1. 测试与非门逻辑功能

与非门逻辑功能测试原理如图 2.1.1 所示。在 V_I 端接入 1 kHz 方波信号,利用示波器观察在开关 S_1 接通及断开的情况下输出 V_O 的波形,并将 V_I 和 V_O 的波形绘制在实验报告中,判定是否正确。

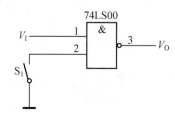

图 2.1.1　与非门逻辑功能测试原理

2. 用与非门组成其他门电路并测试验证

(1)组成非门。用一片 74LS00 组成一个非门 $Y = \overline{A \cdot A} = \overline{A \cdot 1} = \overline{A}$,画出电路图,测试并填表 2.1.1。

表 2.1.1　与非门组成非门

输入		输出 Y	
A	B	理论值	观测值
0	0		
0	1		
1	0		
1	1		

(2)组成或非门。用一片 74LS00 组成一个或非门,写出与非门转化为或非门的表达式,画出电路图,测试并填表 2.1.2。

表 2.1.2　与非门组成或非门

输入		输出 Y	
A	B	理论值	观测值
0	0		
0	1		
1	0		
1	1		

(3)组成异或门。用一片 74LS00 组成一个异或门,写出与非门转化为异或门的表达式,画出电路图,测试并填表 2.1.3。

表 2.1.3 与非门组成异或门

输入		输出 Y	
A	B	理论值	观测值
0	0		
0	1		
1	0		
1	1		

3. 门电路参数测试

(1)扇出系数 N_O 的测试。

扇出系数为

$$N_O = \frac{I_{OL}}{I_{IL}}$$

①I_{IL} 的测试原理如图 2.1.2 所示。

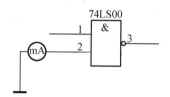

图 2.1.2 I_{IL} 的测试原理

②I_{OL} 的测试原理如图 2.1.3 所示。调节 1 kΩ 电位器使与非门输出电压为 0.4 V,测量 I_{OL}。

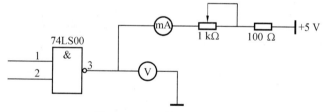

图 2.1.3 I_{OL} 的测试原理

(2)电压传输特性测试。

电压传输特性测试原理如图 2.1.4 所示,调节 5 kΩ 电位器使 V_I 为表 2.1.4 中的各值,并将测得的 V_O 填入表 2.1.4。

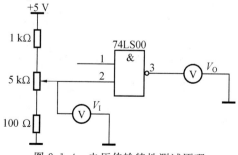

图 2.1.4 电压传输特性测试原理

表 2.1.4　与非门电压传输特性

V_1/V	0.3	0.5	0.8	1	1.3	1.4	1.5	1.7	2.0	3.0	4.0
V_O/V											

（3）平均延迟时间 T_{pd} 的测试。

平均延迟时间测试原理如图 2.1.5 所示。在 V_1 端加入 5 MHz 方波信号，利用双踪示波器观察输入、输出波形的延迟现象，画出 V_1 和 V_O 的波形。

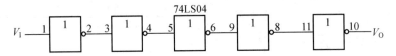

图 2.1.5　平均延迟时间测试原理

4.悬空脚的处理及高阻态物理现象测试

（1）TTL 门悬空脚及高阻态物理现象观测。

TTL 门悬空脚及高阻态物理现象测试原理如图 2.1.6 所示，分别将 A、E 接到电平开关上，按表 2.1.5 设定观察各电压值并将结果记录在表 2.1.5 中。

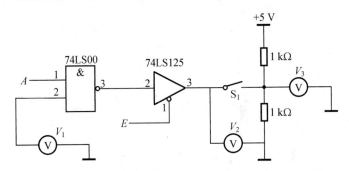

图 2.1.6　TTL 门悬空脚及高阻态物理现象测试原理

表 2.1.5　TTL 门悬空脚及高阻态物理现象观测结果

A	E	S_1	V_1	V_2	V_3
0	1	断			
		通			
1	0	断			
		通			

（2）CMOS 门悬空脚测试。

CMOS 门悬空脚测试原理如图 2.1.7 所示，将 A 接电平开关，按表 2.1.6 设定测试并将结果填入表 2.1.6。

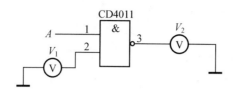

图 2.1.7 CMOS 门悬空脚测试原理

表 2.1.6 CMOS 门悬空脚测试结果

A	V_1	V_2
0		
1		

六、实验报告要求与思考题

(1)按各步骤要求填表,画逻辑图及测试曲线。

(2)回答问题:

①怎样判断门电路逻辑功能是否正常?

②与非门的一个输入接连续脉冲,其余端是什么状态时允许脉冲通过? 什么状态时禁止脉冲通过?

③高阻态的物理意义是什么?

实验二 组合逻辑电路分析与设计

一、实验目的

(1)熟悉组合逻辑电路的分析和验证方法。

(2)初步掌握利用中规模集成电路器件设计组合逻辑电路的方法。

二、实验预习要求

(1)复习实验芯片的逻辑功能及逻辑函数表达式。

(2)复习实验所用各芯片的结构图、管脚图和功能表。

(3)复习实验所用的相关原理。

(4)按要求设计实验中的各电路,给出原理图。

三、实验原理

(1)组合逻辑电路的设计。

组合逻辑电路的设计就是按照具体逻辑命题,按要求设计出最简的组合电路。经典的组合逻辑设计步骤如下。

①根据给定事件的因果关系列写函数式。

②对函数式进行化简或变换。

③画出逻辑图,并测试逻辑功能。

(2)数据选择器。

数据选择器又称多路选择开关。数据选择器的主要作用是在地址码的控制下,从多个输入数据中选择其中一个送至输出端。通常把数据输入端的个数称为通道数。数据选择器除了具有选择信息的功能外,还可以用来形成各种逻辑函数。

(3)数码管。

数码管是用来显示数字、文字或符号的元器件。目前广泛使用的是七段数码显示器。七段数码显示器由 a~g 七段可发光的线段拼合而成,控制各段的亮或灭可以显示不同的字符或数字。

七段数码显示器有发光二极管(light emitting diode,LED)和液晶显示器(liquid crystal display,LCD)两种。LED 数码管分为共阴管和共阳管,是目前使用最广泛的数码管。

四、实验仪器及设备

(1)数字电路实验箱。

(2)双踪示波器、万用表。

(3)元器件有 74LS04、74LS08、74LS21、74LS83、74LS151、74LS47、七段数码管。

五、实验内容

(1)图 2.2.1 所示为 2421BCD 码转换为 8421BCD 码的转换电路。试分析其功能的实现方法,并验证该电路是否能完成上述功能。

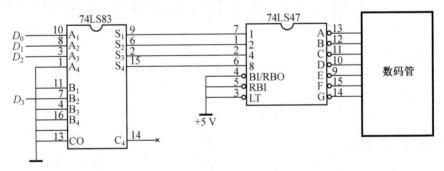

图 2.2.1 2421BCD 码转换为 8421BCD 码的转换电路

(2)用 8 选 1 数据选择器 74LS151 实现逻辑函数,即

$$F=\overline{A}(B+\overline{C}+E)+BCD$$

画出逻辑电路连接图,并连接调试。

(3)用 8 选 1 数据选择器 74LS151 和必要的反相器设计一个组合逻辑电路。输入 A_3、A_2、A_1、A_0 为 8421BCD 码,当输入的 8421BCD 码能被 3 整除时,输出 $F=1$,否则 $F=0$。按要求画出逻辑电路连接图,并连接调试。

六、实验报告要求与思考题

(1)按要求整理有关实验数据,分析问题写出分析过程、检测方案及检测结果。逻辑设计问题写出设计过程,画出逻辑图,给出调试方案和调试结果。

（2）总结利用 MSI 器件设计组合逻辑电路的方法。

实验三　EDA 工具软件 Quartus Ⅱ 的使用

一、实验目的

（1）了解 EDA 工具软件各部分组成及功能。

（2）熟悉并掌握 Quartus Ⅱ 开发软件的操作步骤及仿真方法。

二、实验预习要求

（1）结合实验指导书（附录Ⅱ）预习实验中所用软件的使用方法。

（2）复习实验所用芯片的结构图、管脚图和功能表。

（3）复习实验所用的相关设计原理。

（4）按要求设计实验中的电路。

三、实验原理

Quartus Ⅱ 是 Altera 公司的全集成化可编程逻辑设计环境。它的界面友好，在线帮助完备，初学者也可以很快学习掌握，完成高性能的数字逻辑设计。另外，在进行原理图输入时，可以采用软件中自带的 74 系列逻辑库，所以对于初学者来说，即使不使用 Altera 的可编程元器件，也可以把 Quartus Ⅱ 作为逻辑仿真工具，不用搭建硬件电路，即可对自己的设计进行调试、验证。本实验主要学习其使用操作方法，并结合具体设计实例练习 Quartus Ⅱ 的使用。

四、实验仪器及软件

（1）实验用计算机。

（2）Quartus Ⅱ 开发软件。

五、实验内容

1. 学生上机操作并结合教师讲解学习 Quartus Ⅱ 的使用方法

（1）设计输入。

将所设计的数字逻辑以某种方式输入计算机中。

①原理图输入方式。学习要点：元器件的放置、连线，电源、接地的表示，标号的使用，输入/输出的设置，总线的使用，各种元器件库的使用。

②文本输入方式（VHDL 语言）。学习要点：VHDL 语言的扩展名必须为 vhd；VHDL 的文件名必须与实体的名字一致；VHDL 的源程序要放在指定的文件夹中。

注：①两种输入方式下均可用 File＝＞Create Default Symbol 将当前的设计定义为一个元器件符号。

②文件存盘完毕以后应将工程设置为当前文件。

Project＝＞Set as Top-Level Entity

(2)设计校验。

检查第一步中的设计输入是否有错误(连线或者语法类错误),Project＝＞Start Compilation(Ctrl＋L),若有错误则根据错误提示找出并修改错误,若无错误则执行下一步。

(3)功能仿真。

在进行功能仿真之前应先对当前工程进行编译(Project＝＞Start Compilation(Ctrl＋L)),然后建立仿真波形文件,设定好待观察的输入/输出之后进行功能仿真。仿真结果正确进行下一步,否则返回,对第一步中的逻辑设计进行修改后重新进行上述步骤。

(4)管脚锁定。

管脚锁定之前应首先选择元器件的型号(实验平台中所采用的元器件型号为 Cyclone 系列的 EP1C6Q240C8,Assign＝＞Device),选定元器件之后对工程重新编译,然后利用 Assignments＝＞Pins 或 Assignments＝＞Pin Planer 进行管脚锁定(应根据实验平台的管脚对应表进行)。

(5)重新编译及布局、布线。

管脚锁定完毕后重新编译。

(6)下载/编程。

编译无误后利用 Tools＝＞Programmer 进行下载,观察实际运行结果。

注:实验平台所用的下载电缆类型为 ByteBlaster(MV),可以在编程界面利用 Hardware Setup 进行设定。

2.基于 74LS83 结合其他门电路设计一个 8421BCD 码全加器电路

8421BCD 码全加器电路方框图如图 2.3.1 和图 2.3.2 所示。

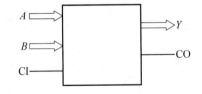

图 2.3.1　8421BCD 码全加器电路方框图 1

(1)写出逻辑设计过程及相关表达式。

(2)画出逻辑电路图。

(3)基于 Quartus Ⅱ软件验证逻辑功能。

六、实验报告要求与思考题

(1)总结 Quartus Ⅱ的使用步骤及各步骤的作用。

(2)结合实验总结基于 MSI 器件设计组合逻辑的方法。

(3)如何利用 Quartus Ⅱ验证一个逻辑设计?

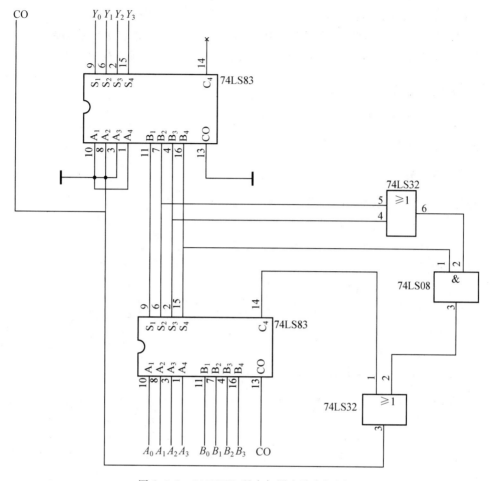

图 2.3.2　8421BCD 码全加器电路方框图 2

实验四　基于 EDA 软件的组合逻辑设计

一、实验目的

(1)进一步掌握基于 MSI 器件的组合逻辑设计方法。

(2)初步了解并掌握基于 VHDL 语言的组合逻辑设计方法。

二、实验预习要求

(1)复习实验所用芯片的逻辑功能、管脚图。

(2)复习实验所用的相关设计原理。

(3)按要求设计实验中的逻辑电路。

三、实验原理

(1)74LS83 是一个 4 位的全加器,基于 74LS83 进行逻辑设计时,需要将逻辑问题转换为相加运算，以充分利用其逻辑功能。

（2）VHDL 语言是一种常用的硬件描述语言。基于 VHDL 语言进行数字逻辑设计时，应充分利用其行为级描述能力（抽象描述），将设计重点放在逻辑关系的表述上。

四、实验仪器及软件

（1）实验用计算机。

（2）QuartusⅡ开发软件。

五、实验内容

（1）设计一个组合逻辑电路，它能够将 6 位自然二进制码转换为 8421BCD 码。基于 74LS83 及必要的门电路设计以上逻辑。

①写明设计过程，给出必要的真值表、卡诺图或逻辑表达式。

②画出逻辑图。

③基于 QuartusⅡ调试验证以上逻辑设计。

（2）利用 VHDL 语言完成（1）中所要求的逻辑设计，其要求如下。

①写明设计方案。

②给出完整的源程序。

③基于 QuartusⅡ调试验证逻辑功能。

六、实验报告要求与思考题

（1）按要求完成上述逻辑设计，并进一步总结如何利用 MSI 器件设计组合逻辑。

（2）通过实验对比，采用 VHDL 语言进行逻辑设计有何优势？应用 VHDL 语言进行数字逻辑设计的前提是什么？

第 3 章

实 验 设 计

实验一　实验平台的使用

讲解视频请扫描二维码观看

一、实验目的

(1)了解实验平台的结构,掌握实验平台的使用。
(2)熟悉各种门电路的逻辑功能,掌握其测试方法。

二、实验准备

芯片:十进制计数器 74LS90。

三、实验原理

数字集成逻辑电路分成两类:双极型电路和金属氧化物半导体(metal oxide semiconductor,MOS)型电路。双极型电路的主要元件是双极型晶体管,包括 TTL、ECL、HTL 等;金属氧化物半导体型电路的主要元件是 MOS 型场效应管,包括 N 型金属氧化物半导体(N－metal oxide semiconductor,NMOS)、P 型金属氧化物半导体(P－metal oxide semiconductor,PMOS)、CMOS 等集成电路。本书主要介绍 TTL 集成电路。

民用 74 系列 TTL 数字逻辑电路是国际上通用的标准电路,其品种可分为五类,即 74 ××(标准)、74H××(高速)、74L××(低功耗)、74S××(肖特基)和 74LS××(低功耗肖特基),详见表 3.1.1。现在常见的还有三类,即 74AS××(先进肖特基)、74ALS××(先进低功耗肖特基)和 74F××(高速)。

表 3.1.1 中五类 TTL 电路在平均功耗及传输延迟时间上均有所差异,其他参数和外引线排列基本上彼此兼容。

实验中,本节采用的虚拟芯片是由可编程逻辑器件实现出来的,其传输时延和传输功耗都具有良好的一致性,使传统的基础教学计划与先进的现代科学技术无缝对接。

表 3.1.1　民用 74 系列 TTL 数字逻辑电路的典型性能特性

民用 74 系列	逻辑门		触发器
	功耗/mV	传输延迟时间/ns	时钟输入频率范围
74××	10	10	$D_c \sim 35$ MHz
74H××	22	6	$D_c \sim 50$ MHz
74L××	1	33	$D_c \sim 3$ MHz
74S××	19	3	$D_c \sim 125$ MHz
74LS××	2	9.5	$D_c \sim 45$ MHz

　　数字系统的基本单元是逻辑门,任何复杂的数字电路都是由逻辑门组成的。逻辑门可分成两类:基本门和导出门。基本门是指与门、或门、非门,其逻辑符号如图 3.1.1 所示;导出门是指由基本门形成的逻辑门,如与非门、或非门、与或非门、异或门、同或门等,其逻辑符号如图 3.1.2 所示。

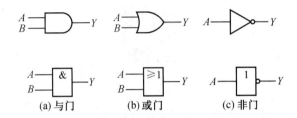

(a) 与门　　　　　(b) 或门　　　　　(c) 非门

图 3.1.1　基本门逻辑符号

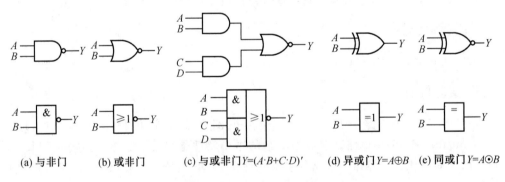

(a) 与非门　(b) 或非门　(c) 与或非门 $Y=(A \cdot B + C \cdot D)'$　(d) 异或门 $Y=A \oplus B$　(e) 同或门 $Y=A \odot B$

图 3.1.2　导出门逻辑符号

　　TTL 集成逻辑门的逻辑功能是由其逻辑表达式(或真值表)表征的。图 3.1.3 所示为四输入端双与非门的外引线排列图(又称引脚图),逻辑表达式均为 $Y = \overline{ABCD}$。图中,V_{CC}(14 号引脚)为接+5 V 电源端,GND(7 号引脚)为接地端,NC(3 号引脚、11 号引脚)为不用端,其余各引脚分别是各门和输入端、输出端。使用时芯片的引脚号一定不能数错。

　　需要记住的是,左边缺口(或标记)下为 1 号引脚,它的上面为最大号引脚,按逆时针方向从小到大。在使用任何一种芯片之前,都应先查清其引脚排列顺序。

　　逻辑门的功能测试原理很简单,即依据该种门的逻辑表达式(或真值表)。若测试结果与之相符,说明该逻辑门功能正常;若不符,说明其功能不正常。

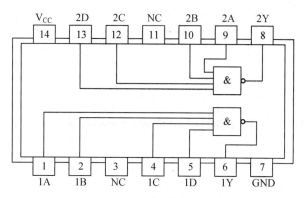

图 3.1.3 四输入端双与非门外引线排列图

四、实验内容及步骤

1. 二极管显示模块

如图 3.1.4 所示,将 L1~L8 的 8 个输入端用导线分别与电源和地线相连,观察 LED 的状态,亮表示逻辑"1",将结果记入表 3.1.2 中。

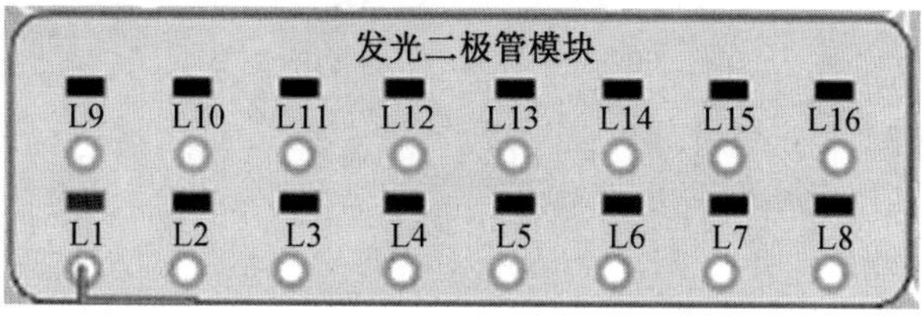

图 3.1.4 L1~L16 LED 显示模块

表 3.1.2 图 3.1.4 的显示状态

L1~L8	LED 亮暗	逻辑状态	L1~L8	LED 亮暗	逻辑状态
L1			L5		
L2			L6		
L3			L7		
L4			L8		

2. 逻辑电平输出模块

逻辑电平输出模块如图 3.1.5(a)所示。

图 3.1.5(a)左侧的逻辑电平可以输出高低电平,单脉冲输出区可以输出手动脉冲。

将逻辑电平输出模块的输出插孔分别与 L1~L8 各输入孔用导线相连,如图 3.1.5(b) 所示。

按下几个逻辑开关,相应的 LED 是暗还是亮? 未按下时又怎样?

(a) 逻辑电平输出模块

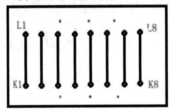

(b) 输入电平产生模块功能测试图

图 3.1.5　逻辑电平输出模块及连接示意图

3. 数码显示电路

实验平台的数码显示电路如图 3.1.6 所示,共 8 个数码管(SMG01～SMG08),包括 2 个未译码的数码管(一个共阴,一个共阳)和 6 个配有译码器的数码管。每个译码的数码显示管的下方有 5 个电平输入口(D、C、B、A、DP)。其中 DP 为小数点控制位,如果在实验中需要可以使用。

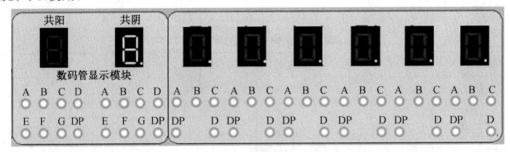

图 3.1.6　数码显示电路

按图 3.1.7 连线,打开电源,以 8421 码的规律按下逻辑开关使其输出 16 种状态,观察数码管的状态,记入表 3.1.3 中。

表 3.1.3　图 3.1.7 的显示状态

\multicolumn{4}{c}{T 的逻辑状态}				\multicolumn{4}{c}{数码管显示状态}				数码显示数值
K4	K3	K2	K1	L4	L3	L2	L1	SMG03
0	0	0	0					
0	0	0	1					
0	0	1	0					
0	0	1	1					

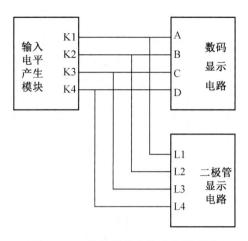

图 3.1.7　数码显示电路功能测试图

续表3.1.3

T 的逻辑状态				数码管显示状态				数码显示数值 SMG03
K4	K3	K2	K1	L4	L3	L2	L1	
0	1	0	0					
0	1	0	1					
0	1	1	0					
0	1	1	1					
1	0	0	0					
1	0	0	1					
1	0	1	0					
1	0	1	1					
1	1	0	0					
1	1	0	1					
1	1	1	0					
1	1	1	1					

4.单脉冲输出功能测试

单脉冲输出模块输出口 K1～K4 可以输出手动脉冲。

(1)按图 3.1.8 接线,打开电源,观察数码管的数字或符号。

(2)按下并松开 K1 一次,数码管的读数从 0 变成 1;再按下并松开一次,数码管的读数变成 2。

(3)按下并松开 K1 十次,观察 SMG03 的显示状态,将结果记入表 3.1.4 中。

(4)以同样方式测试 K2～K4,观察并记录结果。

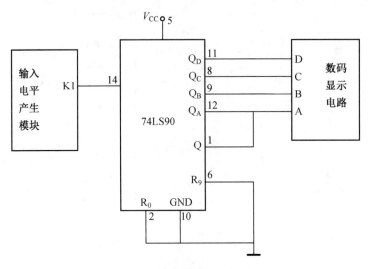

图 3.1.8　手动脉冲输出功能测试图

表 3.1.4　图 3.1.8 的显示状态

按下并松开 K1 次数	未按	1	2	3	4	5	6	7	8	9	10
SMG03 显示数值											

实验二　门电路逻辑功能及测试

讲解视频请扫描二维码观看

虚拟仿真实验案例

提取码:hudf

链接:https://pan.baidu.com/s/1oQyRU2EzeP3BLOU8DVe9lA? pwd＝hudf

一、实验目的

(1)熟悉门电路的逻辑功能、逻辑表达式、逻辑符号、等效逻辑图。

(2)掌握数字电路实验平台及示波器的使用方法。

(3)学会检测基本门电路的方法。

二、实验准备

芯片:74LS00、74LS20、74LS86。

三、实验原理

实验芯片引脚图与真值表如图 3.2.1～3.2.3 所示。

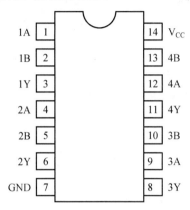

输入		输出
A	B	Y
0	0	1
0	1	1
1	0	1
1	1	0

图 3.2.1　74LS00 二输入端四与非门

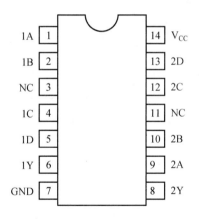

输入				输出
A	B	C	D	Y
×	×	×	0	1
×	×	0	×	1
×	0	×	×	1
0	×	×	×	1
1	1	1	1	0

图 3.2.2　74LS20 四组二输入端双与非门

四、实验内容及步骤

实验前选择集成块芯片,并将其插入实验平台对应的 DIP 插座,然后按设计的实验接线图接好连线。

1. 与非门电路逻辑功能的测试

(1)选用四组二输入端双与非门 74LS20 一片,将其插入数电开发模块对应的 DIP 插座,按图 3.2.4 接线,输入端 1、2、4、5 分别接到 K1～K4 的逻辑开关输出插口,输出端接电平显示发光二极管 L1～L12 中的任意一个。

(2)将逻辑开关按表 3.2.1 的状态设置,分别测量并记录输出的逻辑状态。

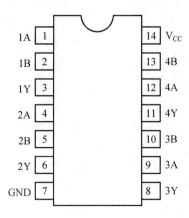

输入		输出
A	B	Y
0	0	1
0	1	1
1	0	1
1	1	0

图 3.2.3　74LS86 二输入端四异或门

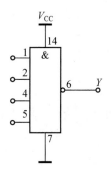

图 3.2.4　74LS20 与非门测试逻辑图

表 3.2.1　74LS20 与非门测试真值表

输入				输出
1(K1)	2(K2)	4(K3)	5(K4)	Y
1	1	1	1	
0	1	1	1	
0	0	1	1	
0	0	0	1	
0	0	0	0	

2. 异或门逻辑功能的测试

(1)选二输入端四异或门电路 74LS86,按图 3.2.5 接线,输入端 1、2、4、5 接逻辑开关(K1~K4),输出端 A、B、Y 接电平显示发光二极管。

(2)将逻辑开关按表 3.2.2 的状态设置,分别测量并记录输出的逻辑状态。

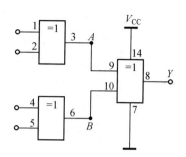

图 3.2.5　74LS86 异或门测试逻辑图

表 3.2.2　74LS86 异或门逻辑测试真值表

输入				输出		
1(K1)	2(K2)	4(K3)	5(K4)	A	B	Y
0	0	0	0			
1	0	0	0			
1	1	0	0			
1	1	1	0			
1	1	1	1			
0	1	0	1			

3. 逻辑电路的逻辑关系测试

(1)使用 74LS00 按图 3.2.6、图 3.2.7 接线,将输入输出的逻辑关系分别填入表3.2.3、表 3.2.4 中。

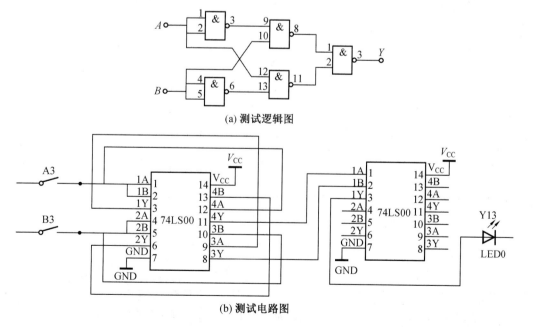

(a) 测试逻辑图

(b) 测试电路图

图 3.2.6　74LS00 逻辑功能测试一

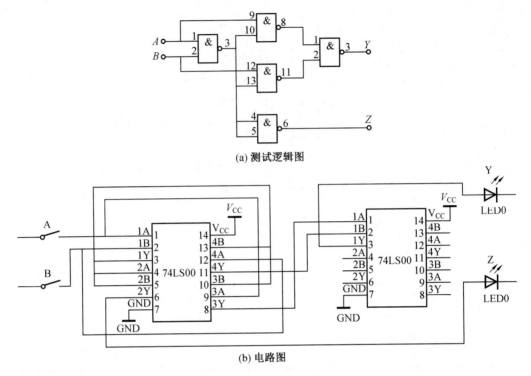

(a) 测试逻辑图

(b) 电路图

图 3.2.7　74LS00 逻辑功能测试二

表 3.2.3　逻辑功能测试一真值表

输入		输出
A	B	Y
0	0	
0	1	
1	0	
1	1	

表 3.2.4　逻辑功能测试二真值表

输入		输出	
A	B	Y	Z
0	0		
0	1		
1	0		
1	1		

(2)写出图 3.2.6 和图 3.2.7 所示电路的逻辑表达式,并画出等效逻辑图。

4. 利用与非门控制输出(选做)

使用一片 74LS00 按图 3.2.8 接线,S 接任一电平开关,通过逻辑分析仪观察 S 对输出脉冲的控制作用。

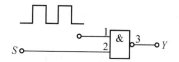

图 3.2.8 利用与非门控制输出逻辑图

5. 使用与非门组成其他逻辑门电路,并验证其逻辑功能

(1)组成与门电路。

由与门的逻辑表达式 $Z=A \cdot B=\overline{\overline{A \cdot B}}$ 得知,可以用两个与非门组成与门,其中一个与非门用作反相器。

①将与门及其逻辑功能验证的实验原理图画在表 3.2.5 中,按原理图连线,检查无误后接通电源。

②当输入端 A、B 为表 3.2.5 的情况时,分别用 LED 监视其逻辑状态,并将结果记录表中。

表 3.2.5 用与非门组成与门电路实验数据

逻辑功能测试实验原理图	输入		输出
	A	B	Y

(2)组成或门电路。

根据德摩根定理,或门的逻辑函数表达式 $Z=A+B$ 可以写成 $Z=\overline{\overline{A} \cdot \overline{B}}$,因此,可以用三个与非门组成或门。

①将或门及其逻辑功能验证的实验原理图画在表 3.2.6 中,按原理图联线,检查无误后接通电源。

②当输入端 A、B 为表 3.2.6 的情况时,分别用 LED 监视其逻辑状态,并将结果记录表中。

表 3.2.6 用与非门组成或门电路实验数据

逻辑功能测试实验原理图	输入		输出
	A	B	Y

（3）组成或非门电路。

根据德摩根定理，或非门的逻辑函数表达式 $Z=\overline{A+B}$，可以写成 $Z=\overline{A}\cdot\overline{B}=\overline{\overline{A}\cdot\overline{B}}$，因此，可以用四个与非门构成或非门。

①将或非门及其逻辑功能验证的实验原理图画在表 3.2.7 中，按原理图连线，检查无误后接通电源。

②当输入端 A、B 为表 3.2.7 的情况时，分别用 LED 监视其逻辑状态，并将结果记录表 3.2.7 中。

表 3.2.7　用与非门组成或非门电路实验数据

逻辑功能测试实验原理图	输入		输出
	A	B	Y

（4）组成异或门电路。

异或门的逻辑表达式 $Z=A\overline{B}+\overline{A}B=\overline{\overline{A\overline{B}}\cdot\overline{\overline{A}B}}$，由表达式可知，可以用五个与非门组成异或门。但根据没有输入反变量的逻辑函数的化简方法，有 $\overline{A}\cdot B=(\overline{A}+\overline{B})\cdot B=\overline{(A+B)}\cdot B$，同理有 $A\overline{B}=A\cdot(\overline{A}+\overline{B})=A\cdot\overline{AB}$，因此 $Z=A\overline{B}+\overline{A}B=\overline{\overline{ABB}\cdot\overline{ABA}}$，可由四个与非门组成。

①将异或门及其逻辑功能验证的实验原理图画在表 3.2.8 中，按原理图连线，检查无误后接通电源。

②当输入端 A、B 为表 3.2.8 的情况时，分别测出输出端 Y 的电压或用 LED 监视其逻辑状态，并将结果记录表中。

表 3.2.8　用与非门组成异或门电路实验数据

逻辑功能测试实验原理图	输入		输出
	A	B	Y

五、实验报告

（1）按各步骤要求填表并画出逻辑图。

（2）回答问题。

①怎样判断门电路逻辑功能是否正常？

②与非门一个输入接连续脉冲,其余端什么状态时允许脉冲通过？什么状态时禁止脉冲通过？

③异或门又称可控反相门,为什么？

实验三　组合逻辑电路(半加器、全加器)

讲解视频请扫描二维码观看

半加器　　　　　全加器

虚拟仿真实验案例

提取码:qm0b

链接:https://pan.baidu.com/s/1wsNuLwjD7fyiKpdLxMjHDQ? pwd=qm0b

一、实验目的

(1)掌握组合逻辑电路的功能测试。

(2)验证半加器和全加器的逻辑功能。

(3)学会二进制数的运算规律。

二、实验准备

芯片:74LS00、74LS86。

三、实验原理

芯片引脚图及真值表如图 3.3.1 和图 3.3.2 所示。

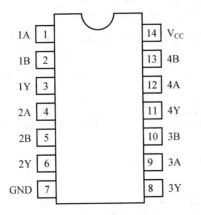

图 3.3.1　74LS00 二输入端四与非门

输入		输出
A	B	Y
0	0	1
0	1	1
1	0	1
1	1	0

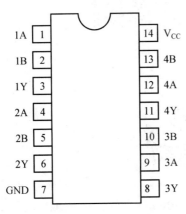

图 3.3.2　74LS86 二输入端四异或门

输入		输出
A	B	Y
0	0	0
0	1	1
1	0	1
1	1	0

四、实验内容及步骤

1. 组合逻辑电路功能测试

（1）使用两片 74LS00 组成图 3.3.3 所示的逻辑电路。为便于接线和检查，在图中注明芯片编号及各引脚对应的编号。

（2）先按图 3.3.3 写出 Y_2 的逻辑表达式并化简。

（3）图 3.3.3 中 A、B、C 接逻辑开关，Y_1、Y_2 接发光二极管电平显示装置。

（4）按表 3.3.1 要求，改变 A、B、C 输入的状态，将 Y_1、Y_2 的输出状态填入表中。

（5）将运算结果与实验结果进行比较。

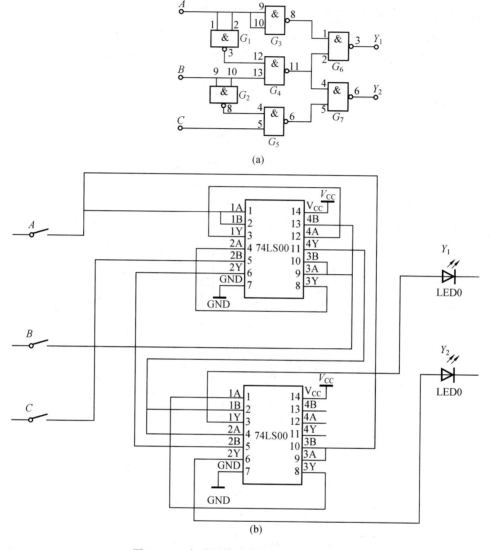

图 3.3.3 与非门构成或非门组合逻辑电路

表 3.3.1 与非门构成或非门功能测试真值表

输入			输出	
A	B	C	Y_1	Y_2
0	0	0		
0	0	1		
0	1	1		
1	1	1		
1	1	0		
1	0	0		
1	0	1		
0	1	0		

2. 用异或门(74LS86)和与非门组成的半加器电路

根据半加器的逻辑表达式可知,半加器 Y 是 A、B 的异或,而进位 Z 是 A、B 的相与,即半加器可由一个异或门和二个与非门组成一个电路。如图 3.3.4 所示。

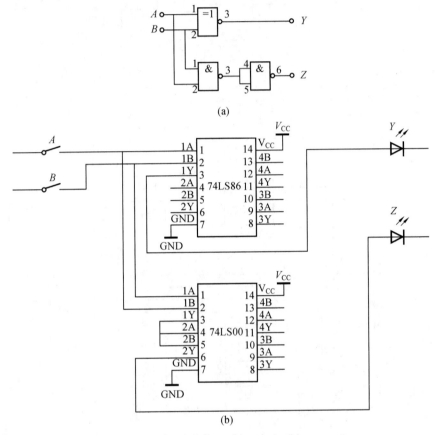

图 3.3.4 异或门和与非门构成半加器逻辑电路

(1)在数字电路实验平台上插入异或门和与非门芯片。输入端 A、B 接逻辑开关,Y、Z 接发光二有管电平显示装置。

(2)按表 3.3.2 要求改变 A、B 状态,记录并写出 Y、Z 逻辑表达式。

表 3.3.2 半加器真值表

输入端		输出端	
A	B	Y	Z
0	0		
1	0		
0	1		
1	1		

3. 全加器组合电路的逻辑功能测试

(1)写出图 3.3.5 中 Y、Z、X_1、X_2、X_3 的逻辑表达式。

(2)根据逻辑表达式列出真值表。

(3)根据真值表绘制逻辑函数 S_i、C_i 的卡诺图。

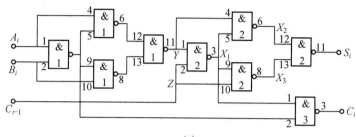

(a)

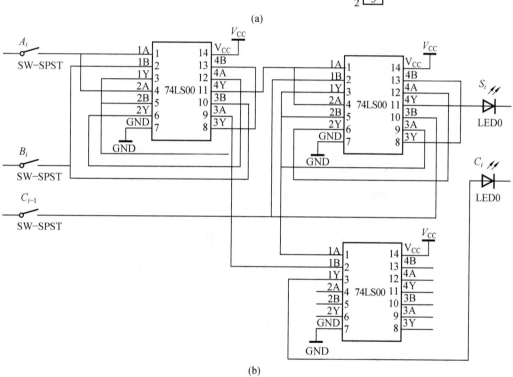

(b)

图 3.3.5　74LS00 全加器组合逻辑电路图

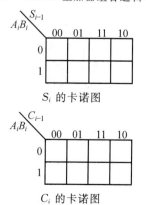

S_i 的卡诺图

C_i 的卡诺图

(4)填写表 3.3.3 中的各点状态。

表 3.3.3　74LS00 构成的全加器真值表

A_i	B_i	C_{i-1}	Y	Z	X_1	X_2	X_3	S_i	C_i
0	0	0							
0	1	0							
1	0	0							
1	1	0							
0	0	1							
0	1	1							
1	0	1							
1	1	1							

(5)按原理图选择与非门并接线进行测试,并与表 3.3.3 进行比较,观察逻辑功能是否一致。

五、实验报告

(1)整理实验数据和图表,并对实验结果进行分析讨论。

(2)总结全加器卡诺图的分析方法。

(3)总结实验中出现的问题和解决的办法。

实验四　MSI 加法器

讲解视频请扫描二维码观看

虚拟仿真实验案例

提取码:52gd

链接:https://pan.baidu.com/s/1e7TKiAl03ROtBPLPiRic2g? pwd=52gd

一、实验目的

通过实验了解和熟悉组合逻辑的 MSI 加法器的功能及应用电路,学会正确使用这些芯片。

二、实验准备

芯片:74LS83。

三、实验原理

74LS83 芯片引脚图及真值表如图 3.4.1 所示。

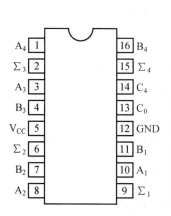

输入				输出					
				$C_0=0$			$C_0=1$		
					$C_2=0$			$C_2=1$	
A_1 A_3	B_1 B_3	A_2 A_4	B_2 B_4	Σ_1 Σ_3	Σ_2 Σ_4	C_2 C_4	Σ_1 Σ_3	Σ_2 Σ_4	C_2 C_4
0	0	0	0	0	0	0	1	0	0
1	0	1	0	1	0	0	0	1	0
0	1	1	0	1	0	0	0	1	0
1	1	0	0	0	1	0	1	1	0
0	0	1	0	1	0	0	0	1	0
1	0	0	1	0	1	0	1	1	0
0	1	0	1	0	1	0	1	1	0
1	1	1	1	1	1	0	0	0	1
0	0	0	1	1	0	0	0	1	0
1	0	1	1	0	1	0	1	1	0
0	1	1	1	0	1	0	1	1	0
1	1	0	1	1	1	0	0	0	1
0	0	1	1	0	1	0	1	1	0
1	0	0	0	1	1	0	0	0	1
0	1	0	0	1	1	0	0	0	1
1	1	1	0	0	0	1	1	0	1

图 3.4.1　74LS83 4 位二进制全加器

74LS83(74LS283)改进型的全加器可完成两个 4 位二进制数的加法运算,如图 3.4.2 所示。每一位都有和(Σ)的输出,第四位为总进位(C_4)。本加法器可对内部 4 位进行超前进位,在 10 ns(典型)之内产生进位项。这种能力为系统设计者提供经济性上的局部超前性能,并且减少执行行波进位的封装数。

全加器的逻辑(包括进位)采用原码形式,不需要逻辑或电平转换就可以完成循环进位。

注:74LS83 和 74LS283 功能相同,引脚分布不同。

四、实验内容及步骤

(1)按图 3.4.3 所示设计电路,自拟表格,验证 74LS83(74LS283)的逻辑功能。

输入四组不同的二进制数,验证 74LS83 的功能,并将记录的数据列成表格。

(2)74LS83 芯片的应用电路。

使用 74LS83 芯片构成的码制变换电路如图 3.4.4 所示。

图 3.4.4 中 DCBA 端输入 8421BCD 码.观察芯片的输出 S_4、S_3、S_2、S_1 相应的状态,说明此电路实现哪种码制的变换?

五、实验报告

(1)分析 74LS83 工作原理。

(2)自制表格,记录实验结果。

特点:

4位全超前进位

系统既能实现局部的功能双能达到
行波进位的经济性

典型参数:

$t_{加法时间}$=25 ns（两个8位字）
$t_{加法时间}$=45 ns（两个8位字）
Pd=95 mW

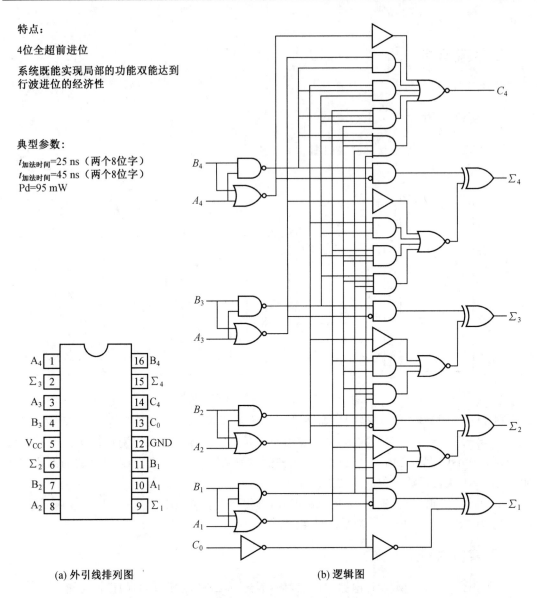

(a) 外引线排列图 (b) 逻辑图

图 3.4.2   74LS83 改进型的全加器

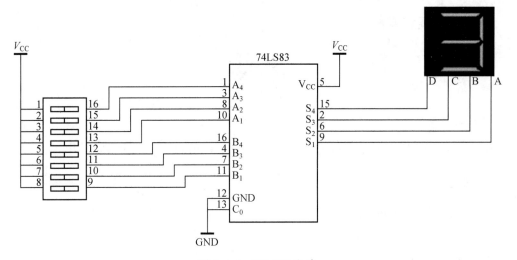

图 3.4.3　74LS83 电路

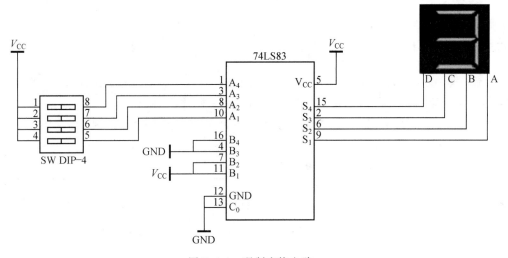

图 3.4.4　码制变换电路

实验五　编码器与译码器

讲解视频请扫描二维码观看

编码器　　　　　译码器

虚拟仿真实验案例

提取码:6b1j

链接:https://pan.baidu.com/s/1G6udqLsQ2nYS0BeOutYrCg? pwd=6b1j

一、实验目的

(1)验证编码器与译码器的逻辑功能。

(2)熟悉集成编码器与译码器的测试方法及使用方法。

二、实验准备

芯片:74LS148、74LS04、74LS138。

三、实验原理

编码器的功能是将一组信号按照一定的规律变换成一组二进制代码。74LS148 为 8 线—3 线优先编码器,有 8 个编码输入端 $I_0 \sim I_7$ 和 3 个编码输出端 A_2、A_1、A_0。输出为 8421 码的反码,输入低电平有效。在逻辑关系上,I_7 为最高位,且优先级最高。其真值表见表 3.5.1。

表 3.5.1 8 线—3 线优先编码器 74LS148 真值表

输入									输出				
EI	I_0	I_1	I_2	I_3	I_4	I_5	I_6	I_7	A_2	A_1	A_0	EO	GS
1	×	×	×	×	×	×	×	×	1	1	1	1	1
0	×	×	×	×	×	×	×	0	0	0	0	0	1
0	×	×	×	×	×	×	0	1	0	0	1	0	1
0	×	×	×	×	×	0	1	1	0	1	0	0	1
0	×	×	×	×	0	1	1	1	0	1	1	0	1
0	×	×	×	0	1	1	1	1	1	0	0	0	1
0	×	×	0	1	1	1	1	1	1	0	1	0	1
0	×	0	1	1	1	1	1	1	1	1	0	0	1
0	0	1	1	1	1	1	1	1	1	1	1	0	1
0	1	1	1	1	1	1	1	1	1	1	1	1	0

注:EI 为使能端,GS 为选通输出端,EO 为扩展输出端。

74LS138 为 3 线－8 线译码器。当 74LS138 一个选通端（E_1）为高电平,另两个选通端（$\overline{E_2}$）和（$\overline{E_3}$）为低电平时,可将地址端（A_0、A_1、A_2）的二进制编码在 Y_0 至 Y_7 对应的输出端以低电平译出,即输出为 $\overline{Y_0}$ 至 $\overline{Y_7}$。比如:$A_2A_1A_0＝110$ 时,则 Y_6 输出端输出低电平信号,其真值表见表 3.5.2。

表 3.5.2　3 线－8 线译码器 74LS138 真值表

| 输入 | | | | | | 输出 | | | | | | | |
STA	STB	STC	A_2	A_1	A_0	$\overline{Y_0}$	$\overline{Y_1}$	$\overline{Y_2}$	$\overline{Y_3}$	$\overline{Y_4}$	$\overline{Y_5}$	$\overline{Y_6}$	$\overline{Y_7}$
×	1	×	×	×	×	1	1	1	1	1	1	1	1
×	×	1	×	×	×	1	1	1	1	1	1	1	1
0	×	×	×	×	×	1	1	1	1	1	1	1	1
1	0	0	0	0	0	0	1	1	1	1	1	1	1
1	0	0	0	0	1	1	0	1	1	1	1	1	1
1	0	0	0	1	0	1	1	0	1	1	1	1	1
1	0	0	0	1	1	1	1	1	0	1	1	1	1
1	0	0	1	0	0	1	1	1	1	0	1	1	1
1	0	0	1	0	1	1	1	1	1	1	0	1	1
1	0	0	1	1	0	1	1	1	1	1	1	0	1
1	0	0	1	1	1	1	1	1	1	1	1	1	0

四、实验内容及步骤

1.8 线－3 线优先编码器功能测试

8 线－3 线优先编码器 74LS148 和反相器 74LS04 的引脚排列如图 3.5.1 所示。

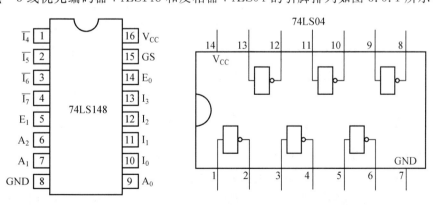

图 3.5.1　74LS148 和 74LS04 的引脚排列

（1）按图 3.5.2 电路对优先编码器 74LS148 和反相器 74LS04 进行连线。

（2）在输入端按照表 3.5.3 加入高低电平（"0"态接地,"1"态接＋V_{cc}）,用 LCD 监测结果并将测试结果填入表 3.5.3 中。

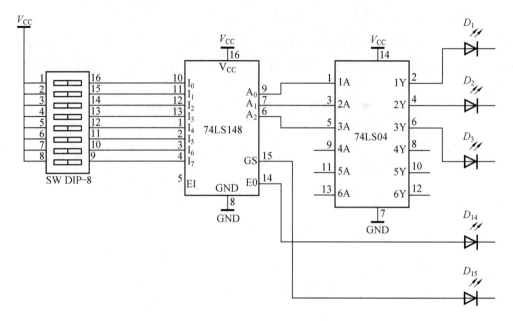

图 3.5.2　优先编码电路

表 3.5.3　测量优先编码器真值表

	输入								输出				
S	I_0	I_1	I_2	I_3	I_4	I_5	I_6	I_7	D_3	D_2	D_1	D_{14}	D_{15}
1	×	×	×	×	×	×	×	×					
0	×	×	×	×	×	×	×	0					
0	×	×	×	×	×	×	0	1					
0	×	×	×	×	×	0	1	1					
0	×	×	×	×	0	1	1	1					
0	×	×	×	0	1	1	1	1					
0	×	×	0	1	1	1	1	1					
0	×	0	1	1	1	1	1	1					
0	0	1	1	1	1	1	1	1					
0	1	1	1	1	1	1	1	1					

2.3 线—8 线译码器的功能测试

3 线—8 线译码器 74LS138 的引脚排列如图 3.5.3 所示。

(1)将 3 线—8 线译码器 74LS138 输入端按照表 3.5.4 加入高低电平,用 LED 测试输出电平,并将测试结果填入表 3.5.4 中。

(2)译码器作为数据分配器。按图 3.5.4 接线,在脉冲输入端 S_1 加入 $f=1$ kHz 的矩形脉冲,同时用逻辑分析仪观察地址输入为 $A_2A_1A_0=000$、010、100、111 时的各输出端的波形,并将波形记录下来。

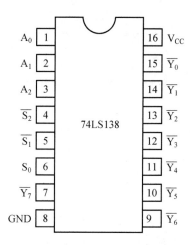

图 3.5.3　74LS138 的引脚排列

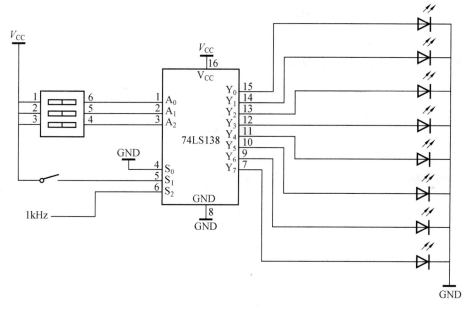

图 3.5.4　译码器作为数据分配器

表 3.5.4　测量 3 线－8 线译码器真值表

输入					输出							
S_0	$S_1 + S_2$	A_2	A_1	A_0	Y_0	Y_1	Y_2	Y_3	Y_4	Y_5	Y_6	Y_7
1	0	0	0	0								
1	0	0	0	1								
1	0	0	1	0								
1	0	0	1	1								
1	0	1	0	0								
1	0	1	0	1								

续表3.5.4

输入					输出						
1	0	1	1	0							
1	0	1	1	1							
0	×	×	×	×							
×	1	×	×	×							

五、实验报告

(1)做出实测的 74LS148、74LS138 的真值表。画出图 3.5.4 实测的输出波形。

(2)分析两个器件输入、输出有效电平及使能端的作用。

实验六　数据选择器

讲解视频请扫描二维码观看

虚拟仿真实验案例

提取码:6chc

链接:https://pan.baidu.com/s/1JSS7jlrf−DLNJYdwcDimUw? pwd=6chc

一、实验目的

(1)熟悉数据选择器的基本功能及测试方法。

(2)学习把数据选择器当作逻辑函数产生器的方法。

二、实验准备

芯片:74LS153、74LS04、74LS32。

三、实验原理

数据选择器的逻辑功能是从多个输入信号中选择一个信号。74LS153 是一个双四选一数据选择器,其逻辑接线图如图 3.6.1 所示,功能表见表 3.6.1。显然,该器件的逻辑表达

式为

$$Y=\overline{G}(\overline{BA}C_0+\overline{B}A\,C_1+B\,\overline{A}C_2+BA\,C_3)$$

式中，C_0、C_1、C_2、C_3 为四个数据输入端；Y 为输出端；G 为使能端，在 $G=1$ 时 $Y=0$，而在 $G=0$ 时使能。

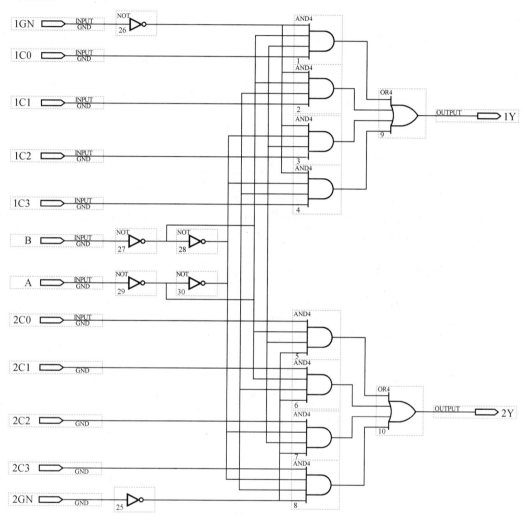

图 3.6.1　74LS153 逻辑接线图

表 3.6.1 74LS153 逻辑功能表

选择输入		数据输入				选通	输出
B	A	C_0	C_1	C_2	C_3	G	Y
$\times$	$\times$	$\times$	$\times$	$\times$	$\times$	1	0
0	0	0	$\times$	$\times$	$\times$	0	0
0	0	1	$\times$	$\times$	$\times$	0	1
0	1	$\times$	0	$\times$	$\times$	0	0
0	1	$\times$	1	$\times$	$\times$	0	1
1	0	$\times$	$\times$	0	$\times$	0	0
1	0	$\times$	$\times$	1	$\times$	0	1
1	1	$\times$	$\times$	$\times$	0	0	0
1	1	$\times$	$\times$	$\times$	1	0	1

表 3.6.1 中,选择输入 A 和 B 是共用的两部分。

数据选择器是一种通用性很强的功能件,其功能可扩展。当需要输入通道数目较多的多路器时,可采用多级结构或灵活运用选通端功能的方法来扩展输入通道数目。

四、实验内容及步骤

(1)按照图 3.6.2 连接电路,验证八选一数字选择器的功能,其真值表见表 3.6.2。

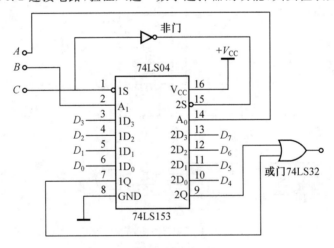

图 3.6.2 两个四选一数据选择器构成八选一

表 3.6.2 八选一数字选择器真值表

输入			输出								
A	B	C	D_0	D_1	D_2	D_3	D_4	D_5	D_6	D_7	Y
0	0	0	0	$\times$	$\times$	$\times$	$\times$	$\times$	$\times$	$\times$	0
0	0	0	1	$\times$	$\times$	$\times$	$\times$	$\times$	$\times$	$\times$	1
1	0	0	$\times$	0	$\times$	$\times$	$\times$	$\times$	$\times$	$\times$	0

续表3.6.2

输入			输出								
1	0	0	×	1	×	×	×	×	×	×	1
0	1	0	×	×	0	×	×	×	×	×	0
0	1	0	×	×	1	×	×	×	×	×	1
1	1	0	×	×	×	0	×	×	×	×	0
1	1	0	×	×	×	1	×	×	×	×	1
0	0	1	×	×	×	×	0	×	×	×	0
0	0	1	×	×	×	×	1	×	×	×	1
1	0	1	×	×	×	×	×	0	×	×	0
1	0	1	×	×	×	×	×	1	×	×	1
0	1	1	×	×	×	×	×	×	0	×	0
0	1	1	×	×	×	×	×	×	1	×	1
1	1	1	×	×	×	×	×	×	×	0	0
1	1	1	×	×	×	×	×	×	×	1	1

(2)分析上述实验结果,并总结数据选择器功能。

(3)在输入端输入频率不同的时钟信号,用逻辑分析仪观测不同控制端状态下的输出波形,并画出波形。

五、实验报告

整理实验数据及结果,总结数据选择器的基本功能及应用。

实验七　触发器及其功能转换

讲解视频请扫描二维码观看

虚拟仿真实验案例

提取码:gmdm

链接:https://pan.baidu.com/s/19F－vuFetCGy7AAzvc0858g? pwd＝gmdm

一、实验目的

(1)熟悉并掌握 RS 触发器、D 触发器、JK 触发器的特性和功能测试方法。
(2)学会正确使用触发器集成芯片。
(3)了解不同逻辑功能触发器相互转换的方法。

二、实验准备

芯片:74LS00、74LS74、74LS76。

三、实验原理

实验芯片引脚图及真值表如图 3.7.1～3.7.3 所示。

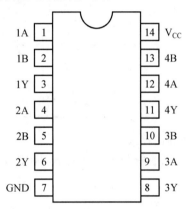

输入		输出
A	B	Y
0	0	1
0	1	1
1	0	1
1	1	0

图 3.7.1   74LS00 二输入端四与非门

输入					输出	
PR	CK	CLK	J	K	Q_{n+1}	$\overline{Q}_{n+1}$
0	1	×	×	×	1	0
1	0	×	×	×	0	1
0	0	×	×	×	φ	φ
1	1	↓	0	0	Q_n	$\overline{Q}_n$
1	1	↓	1	0	1	0
1	1	↓	0	1	0	1
1	1	↓	1	1	翻转	
1	1	1	×	×	Q_n	$\overline{Q}_n$

图 3.7.2   74LS76 双 JK 触发器

	输入			输出	
S_D	R_D	CP	D	Q_{n+1}	$\overline{Q}_{n+1}$
0	1	×	×	1	0
1	0	×	×	0	1
0	0	×	×	φ	φ
1	1	↑	1	1	0
1	1	↑	0	0	1
1	1	↓	×	Q_n	$\overline{Q}_n$

图 3.7.3　74LS74 双 D 触发器

四、实验内容及步骤

1. 基本 RS 触发器功能测试

两个 TTL 与非门首尾相接构成的基本 RS 触发器的电路如图 3.7.4 所示。

(1)试按下面的顺序在 S、R 端加信号：

$$\overline{S}_D=0，\quad \overline{R}_D=1$$

$$\overline{S}_D=1，\quad \overline{R}_D=1$$

$$\overline{S}_D=1，\quad \overline{R}_D=0$$

$$\overline{S}_D=1，\quad \overline{R}_D=1$$

观察并记录 RS 触发器 Q、$\overline{Q}$ 端的状态,将结果填入表 3.7.1 中,并说明在上述各种输入状态下,RS 触发器实现的是什么逻辑功能?

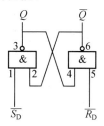

图 3.7.4　基本 RS 触发器电路

表 3.7.1　Q、$\overline{Q}$ 端状态

$\overline{S}_D$	$\overline{R}_D$	Q	$\overline{Q}$	逻辑功能
0	1			置 1
1	1			保持
1	0			清零
1	1			保持

(2)$\overline{S}_D$ 端接低电平,$\overline{R}_D$ 端加点动脉冲。

(3)$\overline{S}_D$ 端接高电平,$\overline{R}_D$ 端加点动脉冲。

(4)令 $\overline{R}_D = \overline{S}_D$，在 $\overline{S}_D$ 端加脉冲。

观察并记录(2)、(3)、(4)三种情况下 Q、$\overline{Q}$ 端的状态，是否能总结出基本 RS 触发器的 Q 触发器或 $\overline{Q}$ 端的状态改变与输入端 $\overline{S}_D$、$\overline{R}_D$ 的关系。

(5)当 $\overline{S}_D$、$\overline{R}_D$ 端都接低电平时，观察 Q、$\overline{Q}$ 端的状态，当 $\overline{S}_D$、$\overline{R}_D$ 端同时由低电平跳为高电平时，观察 Q、$\overline{Q}$ 端的状态，重复 3～5 次观察 Q、$\overline{Q}$ 端的状态是否相同，以理解"不定"状态的含义。

2. 维持－阻塞型 D 触发器功能测试

双 D 型正边沿维持－阻塞型触发器 74LS74 的逻辑符号如图 3.7.5 所示。图中，$\overline{S}_D$、$\overline{R}_D$ 端为异步置 1 端、置 0 端(或称异步置位、复位端)，CP 为时钟脉冲端。

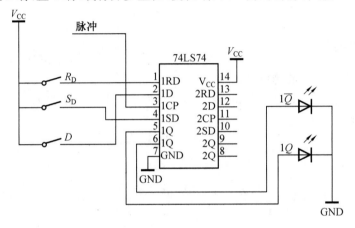

图 3.7.5　74LS74 的逻辑符号

按下面步骤做实验：

(1)分别在 $\overline{S}_D$、$\overline{R}_D$ 端加低电平，观察并记录 Q、$\overline{Q}$ 端的状态。

(2)令 $\overline{S}_D$、$\overline{R}_D$ 端为高电平，D 端分别接高、低电平，用点动脉冲作为 CP，观察并记录当 CP 为 0、↑、1、↓ 时 Q 端状态的变化。

(3)当 $\overline{S}_D = \overline{R}_D = 1$，CP = 0(或 CP = 1)，改变 D 端信号，观察 Q 端的状态是否变化？整理上述实验数据，将结果填入表 3.7.2 中。

(4)令 $\overline{S}_D = \overline{R}_D = 1$，将 D 和 $\overline{Q}$ 端相连，在 CP 端加连续脉冲，用逻辑分析仪观察并记录 Q 相对于 CP 的波形，如图 3.7.6 所示。

表 3.7.2　74LS74 功能表

$\overline{R}_D$	CP	D	Q_n
0　　1	×	×	0
			1
1　　0	×	×	0
			1

续表3.7.2

$\overline{R}_{D}$		CP	D	Q_n
1	1	⌐	0	0
				1
1	1	⌐	1	0
				1
1	1	0(1)	×	0
				1

图 3.7.6 D 触发器的波形图

3. 负边沿 JK 触发器功能测试

双 JK 负边沿触发器 74LS76 芯片的逻辑符号如图 3.7.7 所示。

自拟实验步骤,测试其功能,并将结果填入表 3.7.3 中,若令 $J = K = 1$ 时,在 CP 端加连续脉冲,用双踪示波器观察 Q 端和 CP 端的波形,试将 D 触发器的 D 和 $\overline{Q}$ 端相连,观察 Q 端和 CP 的波形并与相比较,有何异同点?

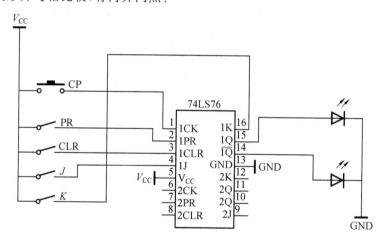

图 3.7.7 JK 逻辑符号

表 3.7.3 JK 触发器功能测试表

$\overline{R}_{D}$		CP	J	K	Q	Q_{n+1}
0	1	×	×	×	×	
1	0	×	×	×	×	
1	1	⌐	0	×	0	
1	1	⌐	1	×	0	

续表3.7.3

$\overline{R}_D$		CP	J	K	Q	Q_{n+1}
1	1	⌐_	×	0	1	
1	1	⌐_	×	1	1	

4.触发器功能转换

(1)将 D 触发器和 JK 触发器转换成 T 触发器,列出表达式,画出实验电路图。

(2)接入连续脉冲,观察各触发器 CP 及 Q 端波形,比较两者关系。

(3)自拟实验数据表并填写。

五、实验报告

(1)整理实验数据并填表。

(2)写出实验内容 3、4 的实验步骤及表达式。

(3)画出实验 4 的电路图及相应表格。

(4)总结各类触发器特点。

实验八　移位寄存器

讲解视频请扫描二维码观看

虚拟仿真实验案例

提取码:6beq

链接:https://pan.baidu.com/s/11TYU5efNyGDgqE3inYi5DQ? pwd=6beq

一、实验目的

掌握中规模四位双向移位寄存器逻辑功能及测试方法。

二、实验准备

芯片:74LS194。

三、实验原理

在数字系统中能寄存二进制信息,并进行移位的逻辑部件称为移位寄存器。移位寄存器按存储信息的方式有串入串出、串入并出、并入串出、并入并出四种形式;按移位方向有左移、右移两种。

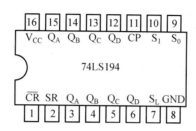

图 3.8.1　移位寄存器 74LS194 引脚排列

本实验采用 4 位双向通用移位寄存器,型号为 74LS194,其引脚排列如图 3.8.1 所示,D_A、D_B、D_C、D_D 为并行输入端;Q_A、Q_B、Q_C、Q_D 为并行输出端;S_R 为右移串行输入端;S_L 为左移串行输入端;S_1、S_0 为操作模式控制端;$\overline{CR}$ 为直接无条件清零端;CP 为时钟输入端。

寄存器有四种不同的操作模式:①并行寄存;②右移(方向由 Q_A 到 Q_D);③右移(方向由 Q_D 到 Q_A);④保持。S_1、S_0 和 $\overline{CR}$ 的作用见表 3.8.1。

把移位寄存器的输出反馈到它的串行输入端,就可以实现循环移位,如图 3.8.2(a)所示的四位右移寄存器中,把输出端 Q_D 和右移串行输入端 S_R 相连,设初始状态 $Q_AQ_BQ_CQ_D=1000$,则在时钟脉冲作用下 $Q_AQ_BQ_CQ_D$ 将依次变为 $0100\rightarrow0010\rightarrow0001\rightarrow1000\rightarrow\cdots$,其波形如图 3.8.2(b)所示,可知它是一个具有四个有效状态的计数器。图 3.8.2(a)所示的电路可以从各个输出端输出在时间上有先后顺序的脉冲,因此也可作为顺序脉冲发生器。

表 3.8.1　移位寄存器 74LS194 逻辑功能表

CP	$\overline{CR}$	S_1	S_0	功能	Q_A、Q_B、Q_C、Q_D
×	0	×	×	清除	$\overline{CR}=0$,使 $Q_AQ_BQ_CQ_D=0$,移位寄存器正常工作时,$\overline{CR}=1$
↑	1	1	1	送数	CP 上升沿作用后,并行输入数据送入移位寄存器。$Q_AQ_BQ_CQ_D=D_AD_BD_CD_D$,此时串行数据($S_R$、$S_L$)被禁止
↑	1	0	1	右移	串行数据送至右移输入端 S_R,CP 上升沿进行右移。$Q_AQ_BQ_CQ_D=D_{SR}Q_AQ_BQ_C$
↑	1	1	0	左移	串行数据送至右移输入端 S_R,CP 上升沿进行右移。$Q_AQ_BQ_CQ_D=Q_AQ_BQ_CQ_{SL}$
↑	1	0	0	保持	CP 作用后移位寄存器内容保持不变,$Q_A^nQ_B^nQ_C^nQ_D^n=Q_AQ_BQ_CQ_D$
↑	1	×	×	保持	$Q_AQ_BQ_CQ_D=Q_A^nQ_B^nQ_C^nQ_D^n$

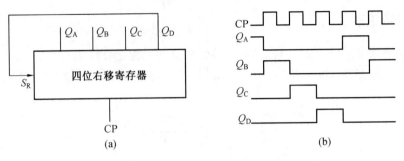

图 3.8.2　74LS194 构成循环移位寄存器

四、实验内容及步骤

本实验测试移位寄存器 74LS194 的逻辑功能。按图 3.8.3 接线,输入端$\overline{CR}$、S_1、S_0、S_L、S_R、D_A、D_C、D_D分别接逻辑开关,Q_A、Q_B、Q_C、Q_D接发光二极管,CP 接单次脉冲源,并按表 3.8.2规定的输入状态逐项进行测试。

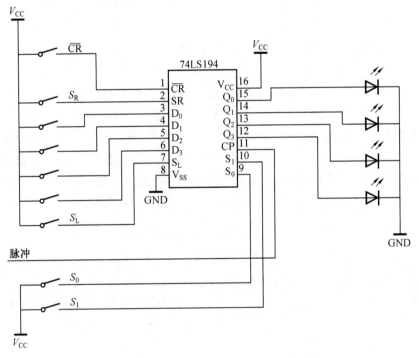

图 3.8.3　测试移位寄存器 74LS194 的逻辑功能

(1)清除。

令$\overline{CR}=0$,其他输入均为任意状态,此时寄存器输出 Q_A、Q_B、Q_C、Q_D均为零。清除功能完成后,置$\overline{CR}=1$。

(2)送数。

令$\overline{CR}=S_1=S_0=1$,输入任意四位二进制数,如 $D_A D_B D_C D_D=abcd$,然后加 CP 脉冲,观察并记录 CP=0、CP 由 0→1、CP 由 1→0 三种情况下寄存器输出状态的变化,分析寄存器输出状态变化是否发生在 CP 脉冲上升沿。

表 3.8.2 移位寄存器 74LS194 逻辑功能真值表

清除	模式		时钟	串行		输入	输出	功能总结
$\overline{CR}$	S_1	S_0	CP	S_L	S_R	$D_A\,D_B\,D_C\,D_D$		
0	×	×	×	×	×	××××		
1	1	1	↑	×	×	a b c d		
1	0	1	↑	×	0	××××		
1	0	1	↑	×	1	××××		
1	0	1	↑	×	0	××××		
1	1	0	↑	1	×	××××		
1	1	0	↑	1	×	××××		
1	1	0	↑	1	×	××××		
1	1	0	↑	1	×	××××		
1	0	0	↑	×	×	××××		

(3)右移。

令 $\overline{CR}=1$、$S_1=0$、$S_0=1$，清零或预置。从右移输入端 S_R 输入二进制数码(如 0100)，然后在 CP 端连续加四个脉冲，观察并记录输出端情况。

(4)左移。

令 $\overline{CR}=1$、$S_1=1$、$S_0=0$，清零或预置，从左移输入端 S_L 输入二进制数码(如 1111)，连续加四个 CP 脉冲，观察并记录输出情况。

(5)保持。

移位寄存器预置任意四位二进制数码 abcd，然后令 $\overline{CR}=1$、$S_1=0$，加 CP 脉冲，观察并记录移位寄存器输出状态。

五、实验报告

分析表 3.8.2 的实验结果，总结移位寄存器 74LS194 的逻辑功能，并写入表格功能总结栏中。

实验九　组合逻辑电路中的竞争与冒险

讲解视频请扫描二维码观看

虚拟仿真实验案例

提取码：y4df

链接：https://pan.baidu.com/s/1miWPmZGFG7JvXpoK0QJHKQ? pwd=y4df

一、实验目的

(1)观察组合逻辑电路中的竞争冒险现象。

(2)了解消除竞争冒险现象的方法。

二、实验准备

芯片：74LS00、74LS04、74LS20。

三、实验原理

1. 竞争冒险现象及其成因

在组合逻辑电路中,信号可能通过不同的路径传输汇合到某一门的输入端。由于门电路存在传输延迟,各路信号到达汇合点会有时差,这种现象称为竞争,此时如果电路产生了错误输出,则称为竞争冒险现象。一般来说,在组合逻辑电路中,如果有两个或两个以上信号参差地加到同一门的输入端,在门的输出端得到稳定的输出之前,可能出现短暂的、不是原设计要求的错误输出,其形状是一个宽度仅为时差的窄脉冲,通常称为尖峰脉冲或毛刺。

2. 检查竞争冒险现象的方法

在输入变量每次只有一个状态改变的简单情况下,如果输出门电路的两个输入信号 A 和 $\overline{A}$ 是输入变量 A 经过两个不同的传输途径而来的,那么当输入变量的状态发生突变时,输出端便有可能产生两个尖峰脉冲。因此,只要输出端的逻辑函数在一定条件下可化简成 $\overline{Y}=A+\overline{A}$ 或 $\overline{Y}=A\,\overline{A}$,即可判断存在竞争冒险现象。

3. 消除竞争冒险现象的方法

(1)接入滤波电路。

在输入端并接一个很小的滤波电容 C_f,就可以把尖峰脉冲的幅度削弱至门电路阈值电压以下。

(2)引入选通脉冲。

对输出引进选通脉冲,避开竞争冒险现象。

(3)修改逻辑设计。

在逻辑函数化简选择乘积项时,判断组合电路是否存在竞争冒险现象,选择不会使逻辑函数产生竞争冒险的乘积项,也可采用增加冗余项的方法。

组合逻辑电路的冒险现象是一个重要的实际问题。当设计出一个组合电路,安装后应首先进行静态测试,也就是通过逻辑开关按真值表依次改变输入量来验证其逻辑功能;然后进行动态测试,观察是否存在冒险现象。如果电路存在冒险现象,但不影响下一级电路的正常工作,就不必采取消除冒险现象的措施;如果影响下一级电路的正常工作,就要分析冒险现象产生的原因,根据不同的情况采取措施加以消除。

四、实验内容及步骤

实现函数 $F = AB + \overline{B}C\overline{D} + \overline{A}CD$,并假定输入只有原变量,即无反变量输入。

1. 画逻辑图

将 F 化成以下形式:

$$F = AB + \overline{B}C\overline{D} + \overline{A}CD = AB + C(\overline{BD} \cdot \overline{AD}) = \overline{\overline{AB} \cdot \overline{C(\overline{BD} \cdot \overline{AD})}}$$

根据 F 的表达式画出逻辑图,如图 3.9.1 所示。

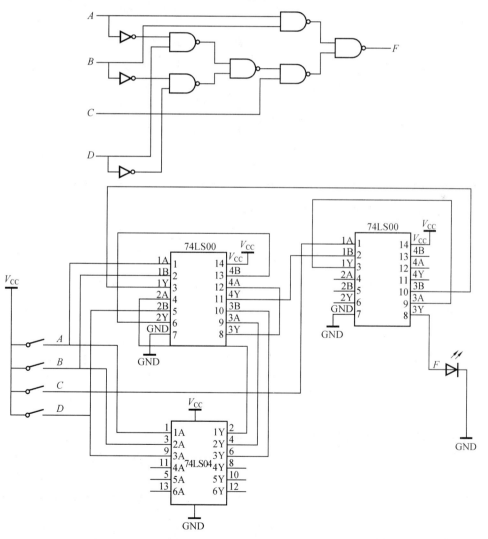

图 3.9.1　F 的逻辑图

2. 列出真值表

根据 F 的表达式列出真值表,见表3.9.1。

表 3.9.1　F 的真值表

A	B	C	D	F	$F_测$
0	0	0	0	0	0
0	0	0	1	0	0
0	0	1	0	1	1
0	0	1	1	1	1
0	1	0	0	0	0
0	1	0	1	0	0
0	1	1	0	0	0
0	1	1	1	1	1
0	0	0	0	0	0
1	0	0	1	0	0
1	0	1	0	1	1
1	0	1	1	0	0
1	1	0	0	1	1
1	1	0	1	1	1
1	1	1	0	1	1
1	1	1	1	1	1

3. 静态测试,即按真值表验证其逻辑功能

A、B、C、D 接逻辑开关,然后对图3.9.1进行静态测试,结果见表3.9.1的最后一列。

4. 观察变量 A 变化过程中的冒险现象

取 $B=C=D=1$,得到 $F=A+\overline{A}$,将 A 改接 1 MHz 单脉冲。使用逻辑分析仪同时测量 A 和 F,分析实验结果。

5. 经过一级反相器

反相器逻辑图如图3.9.2所示。使用逻辑分析仪同时测量 A 和 F,分析实验结果。

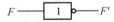

图 3.9.2　反相器逻辑图

(1)分别观察变量 B、D 变化过程中产生的冒险现象。

①令 $A=C=1$,$D=0$,向 B 输入 1 MHz 连续脉冲,使用逻辑分析仪同时测量 A 和 F,分析实验结果。

②令 $A=B=0$,$C=1$,向 D 输入 1 MHz 连续脉冲,使用逻辑分析仪同时测量 A 和 F,分析实验结果。

(2)用加冗余项法消除 A 变化过程中产生的冒险现象。

加冗余项 BCD，即有

$$F=AB+\overline{B}C\,\overline{D}+\overline{A}CD=AB+\overline{B}C\,\overline{D}+\overline{A}CD+BCD$$

化成以下形式：

$$F=AB+\overline{B}C\,\overline{D}+\overline{A}CD$$
$$=AB+\overline{B}C\,\overline{D}+\overline{A}CD+BCD$$
$$=AB+C(\overline{\overline{BD}\ \overline{AD}})+BCD$$
$$=\overline{\overline{AB}\cdot\overline{C(\overline{\overline{BD}\ \overline{AD}})}\cdot\overline{BCD}}$$

根据 F 的表达式画出逻辑图，如图 3.9.3 所示，按图连线。设置 $B=C=D=1$，A 接 1 MHz 单脉冲。

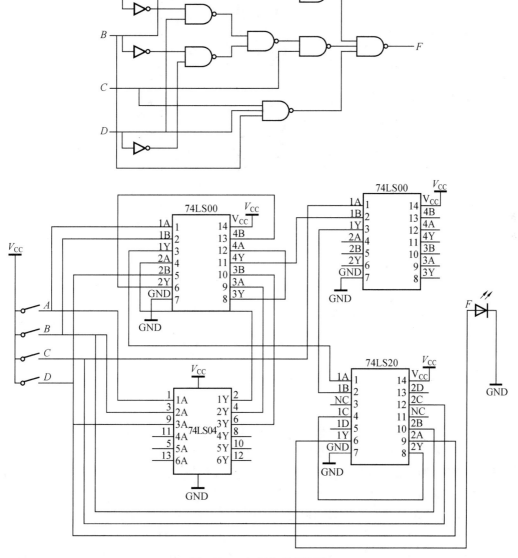

图 3.9.3　加冗余项电路图

使用逻辑分析仪同时测量 A 和 F,分析实验结果。

因为当 $B=C=D=1$ 时,有冗余项 $BCD=1$,而 $\overline{BCD}=0$,故 $F=1$,此时无论 A 和 $\overline{A}$ 经过多少个与非门都无法影响结果($F=1$)的输出。

五、实验报告

(1)记录实验数据,分析产生竞争冒险现象的主要原因是什么?

(2)冒险现象该怎么消除?还有没有其他消除方法?

实验十　逻辑门的应用——自激振荡器和单稳态触发器

讲解视频请扫描二维码观看

虚拟仿真实验案例

提取码:h7nf

链接:https://pan.baidu.com/s/1TUJwiLffULML6qk7RwexxQ? pwd=h7nf

一、实验目的

(1)通过与门实现对数字信号的控制,理解逻辑门控制数字信号的原理。

(2)用与非门组成脉冲电路、单稳电路,加深对逻辑门应用广泛性的理解。

二、实验准备

芯片:74LS00、电位器、电阻、电容等。

三、实验原理

数字系统中,经常需要对数字信号进行控制,逻辑门可以实现定时地让数字信号通过或者定时地封锁数字信号。例如,在频率计电路中,需要一个闸门电路来控制对被测信号的计数,这个闸门可以由二输入与门实现,一个输入端接门控信号,另一个输入端接被测信号。在门控信号的正脉冲宽度内,与门让被测信号通过;在门控信号的负脉冲宽度内,封锁被测信号,则与门的输出信号为一定时间内通过的被测信号,如果门控信号正脉宽为 1 s,并且通过的被测信号为 5 个周期的方波,则被测信号的频率应是 5 Hz。

逻辑门还可组成脉冲信号产生电路。在数字系统中,经常需要使用脉冲信号进行信息传送,或者作为时钟脉冲控制和驱动电路。脉冲信号产生电路通常分为二类,一类是自激多谐振荡器,另一类是他激多谐振荡器。在他激多谐振荡器中有单稳态触发器,它需要在外加脉冲波触发下,输出具有一定脉宽的脉冲波,主要用于延迟电路或调整脉宽的电路中;在他激多谐振荡器中还有施密特触发器,它对外加输入的正弦波等波形进行整形,使电路输出矩形脉冲波。本实验主要介绍用与非门构成的自激多谐振荡器和单稳态触发器。

1. 用与非门构成的自激多谐振荡器

与非门作为一个开关倒相器件,可用来构成各种脉冲电路。其基本工作原理是利用电容器的充放电,当输入电压达到与非门的阈值电压 V_T 时,门的输出状态发生变化。电路中的阻容元件值决定电路输出脉冲波的时间参数。

图 3.10.1 所示为一种自激多谐振荡器,称为带 RC 电路的环形振荡器。图中 R_1 为限流电阻,可以选为 100 Ω 左右;电阻 R 和电容 C 决定脉冲波的周期。周期 $T = 2.2R_C$,电路输出脉冲波的最高频率($f = \dfrac{1}{T_{\max}}$)取决于门电路的平均延迟时间。

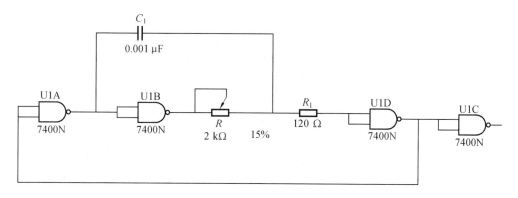

图 3.10.1　带 RC 电路的环形振荡器

TTL 门电路可以和晶体组成高精度的晶体振荡电路,它是电子钟用来产生秒脉冲信号的一种常用电路。

2. 用与非门构成的单稳态触发器

用与非门构成的单稳态触发器有两种形式,一种为微分型,另一种为积分型。

(1)微分型单稳态触发器。

如图 3.10.2 所示,电路中门 G_1、G_2 起开关作用,$R_m C_m$ 组成触发输入电路,R_{W2} 和 C 构成定时电路,为了保证输出脉冲宽度由定时电路参数 $R_{W2}C$ 决定,输入脉冲宽度必须小于产生的脉冲宽度,因此在输入端应用了 $R_m C_m$ 微分电路。可见,在输入脉冲满足条件的情况下,$R_m C_m$ 可以省去。(使用一片 7408 芯片,配合平台左上角电阻电容,使用逻辑分析仪观测信号状态)

(2)积分型单稳态触发器。

如图 3.10.3 所示,积分型单稳态电路适合触发器脉冲宽度大于输出脉冲宽度的情况,也适合比输出脉冲宽度窄的触发器脉冲,这是由于 G_3 门输出反馈到 G_1 门,使得在输出脉冲持续期间,G_1 门被封锁,V_I 的上升沿不影响电路的工作状态,因此,其输出脉冲宽度完全由电路和本身参量决定,与触发脉冲宽度无关,是个理想的整形电路。(使用一片 7408 芯片,

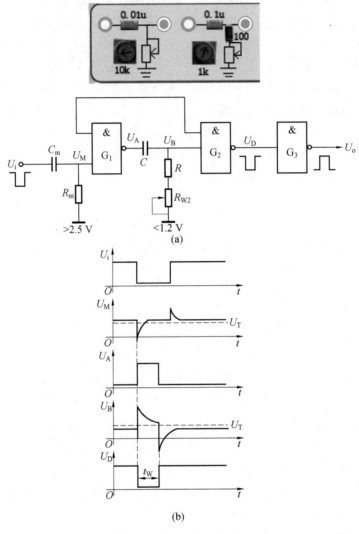

图 3.10.2　与非门构成的单稳态触发器（微分型）

配合平台左上角电阻电容，使用逻辑分析仪观测信号状态）

　　稳态条件要求 R 不大于 1 kΩ，输出脉宽 $T_W = (0.7 \sim 1.4)RC$。

　　从电路分析可知，输出脉冲宽度和电路的恢复时间均与 RC 电路的充放电有直接关系，因而电路恢复需要一定的时间。在实际工作中，要求触发脉冲的周期应为输出脉冲周期的两倍以上。

四、实验内容及步骤

　　(1)使用带 RC 电路的环形振荡电路产生脉冲信号。取 $C = 1\ \mu F$，R 用 10 kΩ 电位器，通过调节电位器，测试 R 的阻值与输出信号周期的关系。

　　(2)用与非门构成积分型单稳态触发器，选取 $R = 100\ \Omega$，R_{W3} 用 10 kΩ 电位器，C 取 1 μF。使用 1 kHz 输入信号。通过调节 R_{W3}，观察 U_B 和 U_o 波形。

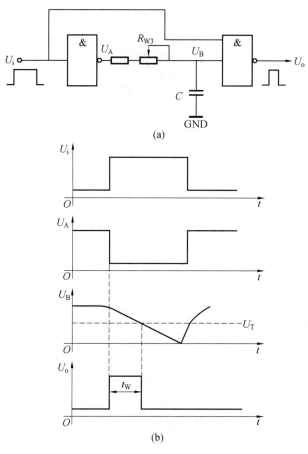

(a)

(b)

图 3.10.3　与非门构成的单稳态触发器(积分型)

五、实验报告

(1)画出标有元件参数的实验电路图。

(2)画出工作波形图。

(3)分析电位器对电路产生的影响。

实验十一　计数、译码与显示

讲解视频请扫描二维码观看

虚拟仿真实验案例

提取码:f9id

链接:https://pan.baidu.com/s/1A7PaaO7oMSgCMIEQssUDqg? pwd=f9id

一、实验目的

(1)掌握中规模集成电路计数器的应用。

(2)了解译码驱动器的工作原理。

二、实验准备

芯片:74LS90。

三、实验原理

在数字系统中,经常需要将数字、文字和符号的二进制编码翻译成直观的形式,以便人们查看。显示器的产品有荧光数码管、半导体、显示器、液晶显示和辉光数码管等。数码显示器的显示方式一般有重叠式显示、点阵式显示和分段式显示。

(1)重叠式显示。它是将不同的字符电极重叠起来,想要显示某字符,只需使相应的电极发亮即可,如荧光数码管。

(2)点阵式显示。通过一定的规律进行排列、组合,显示不同的数字,例如火车站里列车车次、始发时间的显示是点阵式显示。

(3)分段式显示。数码由分布在同一平面上的若干段发光的笔划组成,如电子手表、数字电子钟的显示是分段式显示。

本实验中选择常用的共阴极半导体数码管及译码驱动器,它们的型号分别为 LC5011-11 共阴数码管、74LS248BCD 码 6.7 段译码驱动器。译码驱动器显示的原理框图如图 3.11.1所示。LC5011-11 共阴数码管和 74LS248 译码驱动器的管脚排列如图 3.11.2 所示。

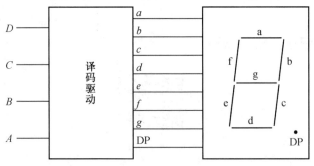

图 3.11.1 译码驱动器显示的原理框图

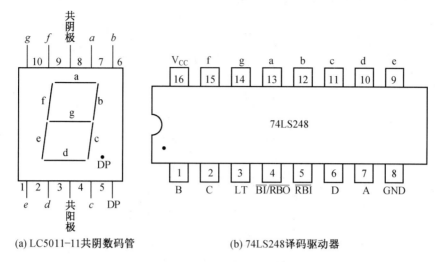

(a) LC5011-11共阴数码管　　　　　(b) 74LS248译码驱动器

图 3.11.2　共阴数码管和译码驱动器的管脚排列

LC5011－11 共阴数码管内部实际上是一个八段发光二极管负极连在一起的电路,如图 3.11.3(a)所示。当在 a～DP 段加上正向电压时,发光二极管就亮。比如显示二进制数 0101(即十进制数 5),应使显示器的 a、f、g、c、d 段设置为高电平。同理,共阳极显示应将各段设置为低电平,如图 3.11.3(b)所示。

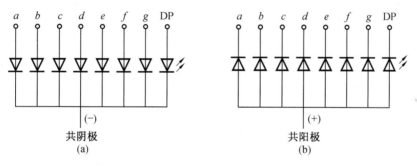

图 3.11.3　半导体数码管显示器内部原理图

74LS248 是 4 线－7 线译码器/驱动器,其逻辑功能见表 3.11.1。它的基本输入信号是 4 位二进制数(也可以是 8421BCD 码):D、C、B、A,基本输出信号有 a、b、c、d、e、f、g。74LS248 驱动 LC5011－11 数码管如图 3.11.4 所示。当输入信号从 0000 至 1111 有 16 种不同状态时,其相应的显示字形见表 3.11.1。

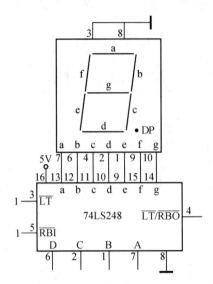

图 3.11.4　74LS248 驱动 LC5011－11 数码管

表 3.11.1　74LS248 逻辑功能

十进制或功能	输入			$\overline{\text{LT}}/\overline{\text{RBI}}$	输出						
	$\overline{\text{LT}}$	$\overline{\text{RBI}}$	$D\ C\ B\ A$		a	b	c	d	e	f	g
0	1	1	0　0　0　0	1	1	1	1	1	1	1	0
1	1	×	0　0　0　1	1	0	1	1	0	0	0	0
2	1	×	0　0　1　0	1	1	1	0	1	1	0	1
3	1	×	0　0　1　1	1	1	1	1	1	0	0	1
4	1	×	0　1　0　0	1	0	1	1	0	0	1	1
5	1	×	0　1　0　1	1	1	0	1	1	0	1	1
6	1	×	0　1　1　0	1	1	0	1	1	1	1	1
7	1	×	0　1　1　1	1	1	1	1	0	0	0	0
8	1	×	1　0　0　0	1	1	1	1	1	1	1	1
9	1	×	1　0　0　1	1	1	1	1	1	0	1	1
10	1	×	1　0　1　0	1	0	0	0	1	1	0	1
11	1	×	1　0　1　1	1	0	0	1	1	0	0	1
12	1	×	1　1　0　0	1	0	1	0	0	0	1	1
13	1	×	1　1　0　1	1	1	0	0	1	0	1	1
14	1	×	1　1　1　0	1	0	0	0	1	1	1	1
15	1	×	1　1　1　1	1	0	0	0	0	0	0	0
灭灯	×	×	×　×　×　×	0	0	0	0	0	0	0	0
灭零	1	0	0　0　0　0	0	0	0	0	0	0	0	0
灯测试	0	×	×　×　×　×	1	1	1	1	1	1	1	1

从表 3.11.1 中可以看出,除了上述基本输入和输出外还有几个辅助输入端、输出端,其辅助功能如下。

(1)灭灯功能。只要 $\overline{\text{LT}}/\overline{\text{RBI}}$ 置入 0,则无论其他输入处于何种状态,$a\sim g$ 各段均为 0,显示器此时为整体不亮。

（2）灭零功能。当$\overline{LT}=1$，$\overline{RBI}=0$时，如果此时输入数据$DCBA=0000$时，数码管熄灭。$\overline{RBI}$用于多个显示译码管的级联时，可以消除无用的前零和尾零。

（3）灯测试功能。在$\overline{LT}/\overline{RBI}$端输入高电平的前提下，当$\overline{LT}=0$时，无论其他输入处于何种状态，$a\sim g$段均为1，显示器此时全亮，常常用此法测试显示器的好坏。

选用74LS90集成计数器作为计数器来进行本实验显示的前级部分。

74LS90是包含一个二分频和五分频的计数器，其引脚排列如图3.11.5所示，逻辑功能见表3.11.2。74LS290与74LS90逻辑功能完全一样，不同的是74LS90电源为非标准管脚，而74LS290为标准电源，即14脚为电源正极，7脚为负极。

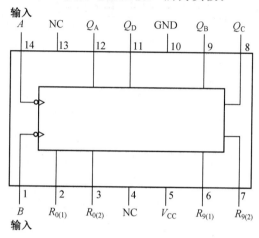

图 3.11.5　74LS90 引脚排列

从表3.11.2可以发现，74LS90有清零、置数及计数的功能。当$R_{9(1)}=R_{9(2)}=1$时，$Q_3Q_2Q_1Q_0=1001$，置数；当$R_{0(1)}=R_{0(2)}=1$、$R_{9(1)}=0$或$R_{9(2)}=0$时，$Q_3Q_2Q_1Q_0=0000$，清零。当$R_{9(1)}\cdot R_{9(2)}=0$和$R_{0(1)}\cdot R_{0(2)}=0$同时满足的前提下，可在CP下降沿作为下实现加法计数器。

（1）计数脉冲从CP_1输入，Q_A作为输出端，为二进制计数器。

（2）计数脉冲从CP_2输入，$Q_DQ_CQ_B$作为输出端，为异步五进制加法计数器。

（3）若将CP_2和Q_A相连，计数脉冲由CP_1输入，Q_D、Q_C、Q_B、Q_A作为输出端，则构成异步8421码十进制加法计数器。

（4）若将CP_1与Q_D相连，计数脉冲由CP_2输入，Q_A、Q_D、Q_C、Q_B作为输出端，则构成异步5421码十进制加法计数器。

表 3.11.2　74LS90 逻辑功能

复位输入				输出			
$R_{0(1)}$	$R_{0(2)}$	$R_{9(1)}$	$R_{9(2)}$	Q_D	Q_C	Q_B	Q_A
1	1	0	$\times$	0	0	0	0
1	1	$\times$	0	0	0	0	0
$\times$	$\times$	1	1	1	0	0	1

续表3.11.2

复位输入				输出
$\times$	0	$\times$	0	COUNT
0	$\times$	0	$\times$	COUNT
0	$\times$	$\times$	0	COUNT
$\times$	0	0	$\times$	COUNT

表3.11.3 BCD计数顺序(注1)

序号	输出			
	Q_D	Q_C	Q_B	Q_A
0	0	0	0	0
1	0	0	0	1
2	0	0	1	0
3	0	0	1	1
4	0	1	0	0
5	0	1	0	1
6	0	1	1	0
7	0	1	1	1
8	1	0	0	0
9	1	0	0	1

注:对于 BCD(十进)计数,输出 Q_A 连到输入 B 计数

表3.11.4 五一二进制计数顺序(注2)

序号	输出			
	Q_A	Q_D	Q_C	Q_B
0	0	0	0	0
1	0	0	0	1
2	0	0	1	0
3	0	0	1	1
4	0	1	0	0
5	0	1	0	0
6	1	0	0	0
7	1	0	1	0
8	1	0	1	1
9	1	1	0	0

注:对于五一二进制计数,输出 Q_D 连到输入 A 计数。

如果把计数器的输出接到译码管、显示器就构成了计数、译码显示器。

四、实验内容及步骤

(1)根据表 3.11.2~3.11.4,用 74LS90 搭试十进制计数器电路,Q_D、Q_C、Q_B、Q_A 分别接实验平台中译码显示,$R_{0(1)}$、$R_{0(2)}$、$R_{9(1)}$、$R_{9(2)}$ 全部接 0(GND)或按键 K1~K8,CP$_0$ 接单次脉冲,Q_A 接 CP$_1$。

接线完毕,接通电源,输入单次脉冲,观察显示器状态,并记录结果(画出计数器的波形图)。

(2)用两片 74LS90 组成 100 进制计数器,其实验接线图如图 3.11.6 所示。

按图 3.11.6 接线,AIN 接连续脉冲,其余方法同上。译码显示部分可以用数码管或发光二极管表示,思考 A、B 输入和 Q_A、Q_B、Q_C、Q_D 输出关系及用法。

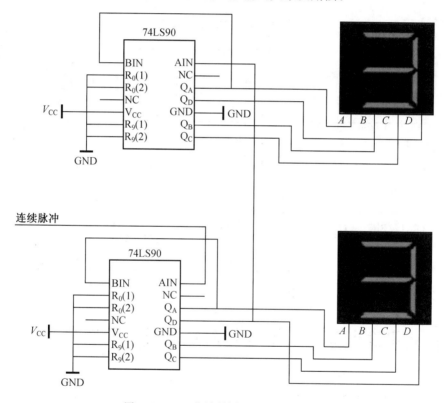

图 3.11.6　2 位计数译码显示器接线图

五、实验报告

(1)整理实验电路,画出计数器的电路图,讨论计数器在实际生活中有哪些应用?

(2)思考六进制(图 3.11.7)、十五进制计数器(图 3.11.8)怎么设计,画出电路图并验证。

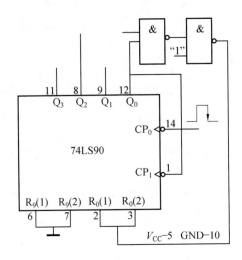
图 3.11.7　六进制计数器

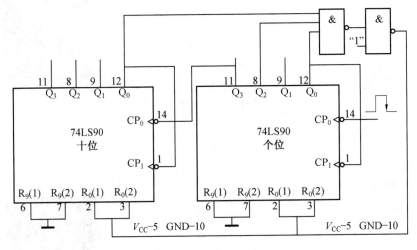
图 3.11.8　十五进制计数器

实验十二　格雷码与自然二进制码转换器

讲解视频请扫描二维码观看

虚拟仿真实验案例

提取码:lee0

链接:https://pan.baidu.com/s/1sI7B9UIqzhUfHS－W_e2qYg? pwd=lee0

一、实验目的

(1)掌握格雷码和自然二进制码的规则。

(2)熟悉格雷码和自然二进制码的转换方法。

二、实验准备

芯片:74LS86。

三、实验原理

格雷码又称循环码,其特点是相邻组不只有一位码元不同,因此,当数码按顺序变化的过渡期不会出现瞬间状态模糊,即瞬间不会有其他码组出现,正由于此,格雷码得到了广泛应用。

格雷码与自然二进制码之间的转换真值表见表 3.12.1。

表 3.12.1　格雷码与二进制码之间的转换真值表

G_3	G_2	G_1	G_0	B_3	B_2	B_1	B_0
0	0	0	0	0	0	0	0
0	0	0	1	0	0	0	1
0	0	1	1	0	0	1	0
0	0	1	0	0	0	1	1
0	1	1	0	0	1	0	0
0	1	1	1	0	1	0	1
0	1	0	1	0	1	1	0
0	1	0	0	0	1	1	1
1	1	0	0	1	0	0	0
1	1	0	1	1	0	0	1
1	1	1	1	1	0	1	0
1	1	1	0	1	0	1	1
1	0	1	0	1	1	0	0
1	0	1	1	1	1	0	1
1	0	0	1	1	1	1	0
1	0	0	0	1	1	1	1

注:异或运算:相同为 0,相异为 1。

$B_n=G_n$,$B_i=B_{(i+1)} \oplus G_i$,$i \in [0, n-1]$,$B_3=G_3$,$B_2=B_3 \oplus G_2$,$B_1=B_2 \oplus G_1$,$B_0=B_1 \oplus G_0$,$G_n=B_n$,$G_i=B_{(i+1)} \oplus B_i$,$i \in [0, n-1]$,$G_3=B_3$,$G_2=B_3 \oplus B_2$,$G_1=G_2 \oplus B_1$,$G_0=B_1 \oplus G_0$

1. 自然二进制码转换成二进制格雷码

自然二进制码转换成二进制格雷码的法则是保留自然二进制码的最高位作为格雷码的最高位,而格雷码的次高位为自然二进制码的最高位与次高位相异或,而格雷码其余各位与次高位的求法类似。自然二进制码至格雷码转换电路如图 3.12.1 所示。

某二进制数为

$$B_{n-1},B_{n-2},\cdots,B_2,B_1,B_0$$

其对应的格雷码为

$$G_{n-1},G_{n-2},\cdots,G_2,G_1,G_0$$

其中,最高位保留 $G_{n-1}=B_{n-1}$;其他各位 $G_i=B_{i+1}\oplus B_i(i=0,1,\cdots,n-2)$。

【例 12.1】

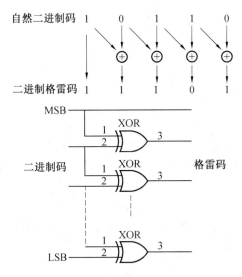

图 3.12.1 自然二进制码至格雷码转换电路

2. 二进制格雷码转换成自然二进制码

二进制格雷码转换成自然二进制码的法则是保留格雷码的最高位作为自然二进制码的最高位,而自然二进制码的次高位为最高位自然二进制码与次高位格雷码相异或,而自然二进制码的其余各位与次高位自然二进制码的求法类似。格雷码至自然二进制码转换电路如图 3.12.2 所示。

某二进制格雷码为

$$G_{n-1},G_{n-2},\cdots,G_2,G_1,G_0$$

其对应的自然二进制码为

$$B_{n-1},B_{n-2},\cdots,B_2,B_1,B_0$$

其中,最高位保留 $B_{n-1}=G_{n-1}$;其他各位——$B_{i-1}=G_{i-1}\oplus B_i(i=0,1,\cdots,n-1)$。

【例 12.2】

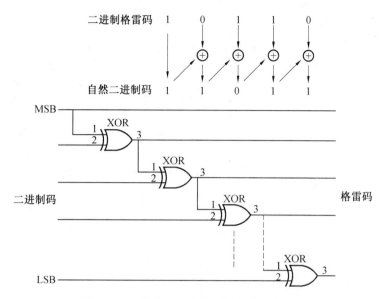

图 3.12.2　格雷码至自然二进制码转换电路

四、实验内容及步骤

(1)根据图 3.12.3 提供的资料,自拟表格测试二输入四异或门 74LS86 的逻辑功能。

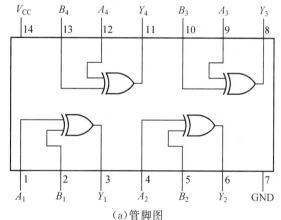

(a)管脚图

输入		输出
A	B	Y
0	0	0
0	1	1
1	0	1
1	1	0

注:$Y = A \oplus B = \overline{A}B + A\overline{B}$

(b)真值表

图 3.12.3　74LS86 引脚图及真值表

（2）仔细阅读实验原理部分，搭建两种二进制码互相转换的电路图（图3.12.4和图3.12.5），自拟表格，验证其逻辑功能，可以用LED显示结果。

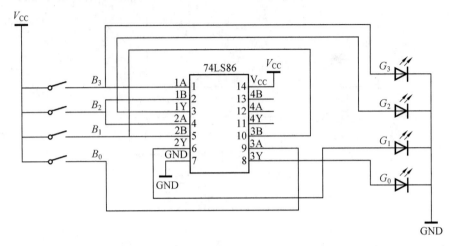

图 3.12.4　自然二级制转换二进制格雷码电路

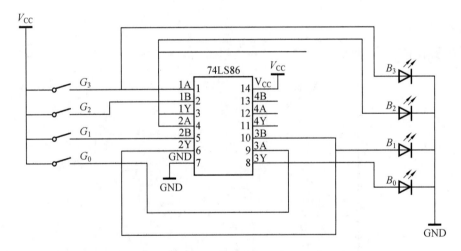

图 3.12.5　二进制格雷码转换自然二级制电路

五、实验报告

如何使用异或门实现4位信息码的奇偶校验（1出现次数的奇偶校验）？

实验十三 双向移位寄存器应用

讲解视频请扫描二维码观看

虚拟仿真实验案例

提取码:6wsv

链接:https://pan.baidu.com/s/1XYS53fvUlirI5JEIgXsnJA? pwd=6wsv

一、实验目的

(1)掌握双向移位寄存器的使用方法。

(2)掌握双向移位寄存器作序列发生器的用法。

二、实验准备

芯片:74LS194,其他基础门电路芯片自选。

三、实验原理

4 位移位寄存器的通用状态如图 3.13.1 所示,图 3.13.1 展示移位寄存器所有可能的内部状态和所有可能状态之间的转换,设计者可以在图上选择一个合适的状态序列,并设计这个序列的反馈逻辑,使移位寄存器能循环通过所选的状态序列。例如,0001 状态的次态是 0010 或 0011,这取决于反馈逻辑提供给右移输入端 S_R 的是 0 还是 1。

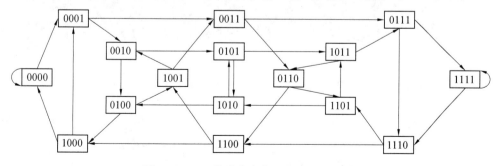

图 3.13.1 4 位移位寄存器的通用状态图

四、实验内容及步骤

由 74LS194 双向移位寄存器构成的序列发生器如图 3.13.2 所示,它可以产生 1011101001 二进制序列。测试其逻辑功能,观察移位寄存器的状态序列与产生的二进制序列的对应时序关系,画出时钟脉冲 CK、移位寄存器的 Q_A 端及二进制序列输出端 g 的对应时序图。

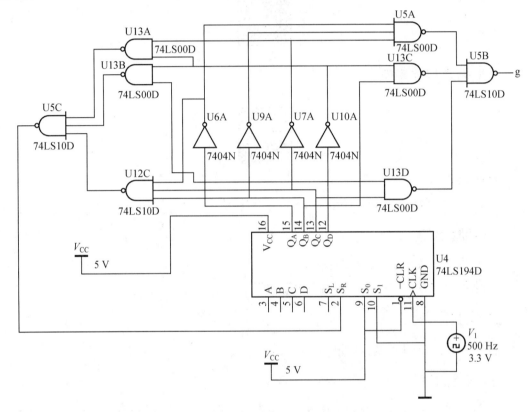

图 3.13.2　74LS194 双向移位寄存器构成的序列发生器

图 3.13.3 为图 3.13.2 序列发生器的仿真波形图,CH1 为 CLK,CH2 为 Q_A,CH3 为输出端 g。

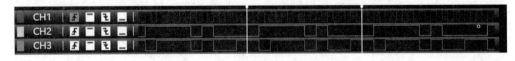

图 3.13.3　序列发生器的仿真波形图

五、实验报告

写出实验的设计过程,画出完整的逻辑连接图,记录实验结果,包括画出时钟脉冲 CK 与移位寄存器状态序列的对应时序关系,并完成下面的练习思考题。

用移位寄存器右移功能实现的序列发生器是否也能用左移功能实现?若用左移方式实现,移位寄存器的状态序列是否发生变化?

实验十四 A/D 模数转换

讲解视频请扫描二维码观看

虚拟仿真实验案例

提取码：n67w

链接：https://pan.baidu.com/s/1E8uwwMajOacOorlC85hNmw? pwd=n67w

一、实验目的

(1)熟悉 A/D 转换器的工作原理。

(2)了解 A/D 转换器(ADC0809)的基本结构和特性。

(3)掌握 A/D 转换器(ADC0809)的使用方法。

二、实验准备

逐次逼近型集成 A/D 转换器 ADC0809。

三、实验原理

ADC0809 是一个带有 8 通道多路开关并能与微处理器兼容的 8 位 A/D 转换器,它是单片 CMOS 器件,采用逐次逼近法进行转换。它的转换时间为 $100\ \mu s$,分辨率为 8 位,转换速度为 $\pm LSD/2$,内部集成了可以锁存控制的 8 路模拟转换开关,输出采用三态输出缓冲寄存器,电平与 TTL 电平兼容。

ADC0809 内部结构及外部引线排列,如图 3.14.1 所示。

由多路选择器决定选择 8 路模拟输入信号中的哪一路输入信号进行转换。多路选择器包括 8 个标准的 CMOS 模拟开关、3 个地址锁存器。ADDC~ADDA 3 位地址输入线用于选择 $IN_0 \sim IN_7$ 上哪一路模拟信号进行转换,各通道对应地址码见表 3.14.1。

256 个电阻和 256 个模拟开关组成 DAC 电路。模拟开关受 8 位逐次比较寄存器输出状态的控制,8 位逐次比较寄存器可记录 $2^8 = 256$ 种不同状态,因此开关树输出 V_{REF} 有 256 个参考电压,将 V_{REF} 送入比较器与输入模拟电压进行比较,比较结果再送入 8 位逐次比较寄存器,8 位逐次比较寄存器的状态再控制开关树,如此不断进行比较,直至转换完最低位为止。

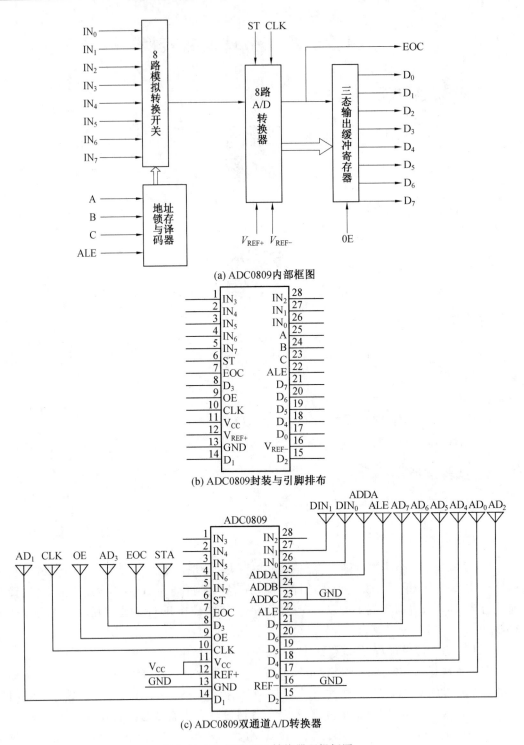

(a) ADC0809内部框图

(b) ADC0809封装与引脚排布

(c) ADC0809双通道A/D转换器

图 3.14.1 ADC0809 转换器逻辑框图

表 3.14.1 地址码对应的模拟通道

地址码			模拟通道
ADDC	ADDB	ADDA	
0	0	0	IN_0
0	0	1	IN_1
0	1	0	IN_2
0	1	1	IN_3
1	0	0	IN_4
1	0	1	IN_5
1	1	0	IN_6
1	1	1	IN_7

如果将 ST 与 ALE 相连,则在通道地址选定的同时开始 A/D 转换。若将 ST 与 EOC 相连,上一次转换结束就开始下一次转换。当不需要高精度基准电压时,V_{REF+}、V_{REF-} 分别接系统电源 V_{CC} 和 GND 上。

ADC0809 各引脚的功能说明如下。

(1)$A_0 \sim A_2$ 为 3 位通道地址输入端,$A_2 \sim A_0$ 为三位二进制码。$A_2 A_1 A_0 = 000 \sim 111$ 时分别选中 $IN_0 \sim IN_7$。

(2)$IN_0 \sim IN_7$:8 路模拟信号输入通道。

(3)ALE:地址锁存允许输入端(高电平有效)。当 ALE 为高电平时,允许 $A_2 A_1 A_0$ 所示的通道被选中(该信号的上升沿使多路开关的地址码 $A_2 A_1 A_0$ 锁存到地址寄存器中)。

(4)ST:启动信号输入端。此输入信号的上升沿使内部寄存器清零,下降沿使 A/D 转换器开始转换。

(5)EOC:AD 转换结束信号。它在 A/D 转换开始时由高电平变为低电平,转换结束后,由低电平变为高电平,此信号的上升沿表示 A/D 转换完毕,常用做中断申请信号。

(6)OE:输出允许信号。高电平有效,用来打开三态输出锁存器,将数据送到数据总线。

(7)$D_7 \sim D_0$:8 位数字量输出端。

(8)CLK:外部时钟信号输入端。改变外接 RC 元件,可改变时钟频率,从而决定 AD 转换的速度。AD 转换器的转换时间 $T_C = 64$ 个时钟周期,CLK 的频率范围为 $10 \sim 1\,280$ kHz。当时钟脉冲频率为 640 kHz 时,T_C 为 100 μs。

(9)V_{REF+} 和 V_{REF-}:基准电压输入端。它们决定了输入模拟电压的最大值和最小值。

(10)GND:地线。

四、实验内容及步骤

(1)结合图 3.14.1(b)、(c)并按图 3.14.2 所示电路接线,u_i 输入模拟信号(由实验平台的直流电压提供),将输出端 $D_7 \sim D_0$ 分别接逻辑指示灯 $L_8 \sim L_1$,CLK 接连续脉冲(由实验平台提供 1 kHz 连续脉冲)。

(2)调节直流电压,使 $u_i = 1.7$ V,再按一次单次脉冲,观察输出端逻辑指示灯 $L_8 \sim L_1$

显示结果。

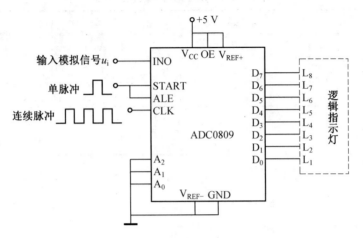

图 3.14.2　ADC0809 实验电路图

(3)按表 3.14.2 的内容,改变输入模拟电压 u_i,每次输入一个单次脉冲。观察并记录对应的输出状态,将对应的输入模拟电压 u_i 填入表 3.14.2 中。

表 3.14.2　ADC0809 实验电路的输入输出关系

输入模拟电压 u_i/V	输出数字量							
	D_7	D_6	D_5	D_4	D_3	D_2	D_1	D_0
0	0	0	0	0	0	0	0	0
0.02	0	0	0	0	0	0	0	1
0.03	0	0	0	0	0	0	1	0
0.06	0	0	0	0	0	1	0	0
0.11	0	0	0	0	1	0	0	0
0.21	0	0	0	1	0	0	0	0
0.42	0	0	1	0	0	0	0	0
0.83	0	1	0	0	0	0	0	0
1.66	1	0	0	0	0	0	0	0

五、实验报告

(1)总结分析 A/D 转换器的转换工作原理。

(2)将实验转换结果与理论值进行比较,并对实验结果进行分析。

实验十五　D/A 数模转换

讲解视频请扫描二维码观看

虚拟仿真实验案例

提取码:d85i

链接:https://pan.baidu.com/s/1IrMmwTsEDH6GgbBrcL59nQ? pwd=d85i

一、实验目的

(1)熟悉 D/A 转换器的工作原理。

(2)了解 D/A 转换器 DAC0832 的基本结构和特性。

(3)掌握 D/A 转换器 DAC0832 的使用方法。

二、实验准备

集成 D/A 转换器 DAC0832。

三、实验原理

DAC0832 为电压输入、电流输出的 R－2R 电阻网络型的 8 位 D/A 转换器,DAC0832 采用 CMOS 和薄膜 Si－Cr 电阻相容工艺制造,温漂低,逻辑电平输入与 TTL 电平兼容。 DAC0832 可直接与微处理器相连,采用双缓冲寄存器,这样可在输出的同时采集下一个数 字量,以提高转换速度。

DAC0832 转换逻辑框图如图 3.15.1 所示。

DAC0832 主要由三部分构成。第一部分是 8 位 D/A 转换器,输出为电流形式;第二部 分是两个 8 位数据锁存器构成双缓冲形式;第三部分是控制逻辑。计算机可利用控制逻辑 通过数据总线向输入锁存器存数据,因控制逻辑的连接方式不同,可使 D/A 转换器的数据 输入具有双缓冲、单缓冲和直通三种方式。

当 WR1、WR2、XFER 及 CS 接低电平时,ILE 接高电平,即不用写信号控制,使两个寄 存器处于开通状态,外部输入数据直通内部 8 位 D/A 转换器的数据输入端,这种方式称为 直通方式。当 WR2、XFER 接低电平,使 DAC0832 中两个寄存器中的一个处于开通状态, 只控制一个寄存器,这种工作方式称为单缓冲工作方式。当 ILE 为高电平,CS 和 WR1 为

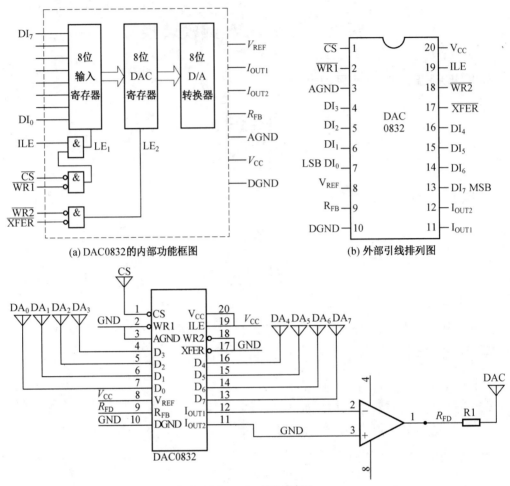

(a) DAC0832的内部功能框图　　　　　(b) 外部引线排列图

(c) 实验平台DAC0832模块原理图

图 3.15.1　DAC0832 转换逻辑框图

低电平,8 位输入寄存器有效,输入数据存入寄存器。当 D/A 转换时,WR2、XFER 为低电平,高电压使 8 位 D/A 寄存器有效,将数据置入 D/A 寄存器中进行 D/A 转换。两个寄存器均处于受控状态,输入数据要经过两个寄存器缓冲控制后才进入 D/A 转换器,这种工作方式称为双缓冲工作方式。

DAC0832 管脚定义说明如下。

(1)CS:片选输入端。低电平有效,与 ILE 共同作用,对 WR1 信号进行控制。

(2)ILE:输入的锁存信号(高电平有效)。当 ILE=1 且 CS 和 WR1 均为低电平时,8 位输入寄存器允许输入数据;当 ILE=0 时,8 位输入寄存器锁存数据。

(3)WR1:输入寄存器写选通信号。当 WR1 为高电平时,输入锁存器的数据开始锁存;当 ILE 为高电平,同时 CS 和 WR1 为低电平,输入锁存器数据更新。

(4)WR2:写选通信号 2(低电平有效)。这个信号和 XFER 逻辑组合,使输入寄存器的 8 位数据打入 DAC 寄存器并开始 D/A 转换。

(5)XFER:传送控制输入线。低电平有效,使 WR2 工作。

(6)$D_0 \sim D_7$:8 位数字量输入端。其中 D_0 为最低位,D_7 最高位。

(7)I_{OUT1}:DAC 电流输出 1 端。当 DAC 寄存器全为 1 时,输出电流 I_{OUT1} 为最大:当 DAC 寄存器中全都为 0 时,输出电流 I_{OUT1} 最小。

(8)I_{OUT2}:DAC 电流输出 2 端。输出电流 $I_{OUT1} + I_{OUT2} =$ 常数;

(9)R_{FB}:芯片内的反馈电阻。反馈电阻引出端,用来作为外接运放的反馈电阻。在构成电压输出 DAC 时,此端应接运算放大器的输出端。

(10)V_{REF}:参考电压输入端。通过该引脚将外部的高精度电压源与片内的 R－2R 电阻网相连,其电压范围为 $-10 \sim +10$ V。

(11)V_{cc}:电源电压输入端。电源电压范围为 $+5 \sim +15$ V,最佳状态为 $+15$ V。

(12)DGND:数字电路接地端。

(13)AGND:模拟电路接地端,通常与 DGND 相连。

为了将模拟电流转换为模拟电压,需把 DAC0832 的两个输出端 I_{OUT1} 和 I_{OUT2} 分别接到运算放大器的两个输入端,经过一级运放得到单极性输出电压 VA_1。当需要把输出电压转换为双极性输出时,可由第二级运放对 VA_1 及基准电压 V_{REF} 反相求和,得到双极性输出电压 VA_2。

四、实验内容及步骤

根据图 3.15.1(c),将 $DA_0 \sim DA_7$ 接到八个按键上,将 CS 接到 GND,将 DAC 输出接到电压表,观察不同按键键值对应的电压大小,填入表 3.15.1 中。

表 3.15.1　DAC0832 数量及模拟电压对应表

DA_0	DA_1	DA_2	DA_3	DA_4	DA_5	DA_6	DA_7	DAC

五、实验报告

(1)总结分析 D/A 转换器的转换工作原理。

(2)将实验转换结果与理论值进行比较,并对实验结果进行分析。

(3)D/A 转换器的转换精度与什么有关?

(4)DAC 的主要技术指标有哪些?

(5)分析测试结果,若存在误差,试分析产生误差的原因有哪些?

(6)为什么 DAC 的输出要接运算放大器?

实验十六 555 电路设计与应用

讲解视频请扫描二维码观看

虚拟仿真实验案例

提取码:648l

链接:https://pan.baidu.com/s/1gTN6b9QNi−Zqw3yEk_oYQw? pwd=648l

一、实验目的

(1)掌握 555 时基电路的结构和工作原理,学会 555 定时器的正确使用。

(2)学会分析和测试用 555 时基电路构成的单稳态触发器、多谐振荡器和施密特触发器等三种典型电路。

二、实验准备

555 定时器、外围电路自选。

三、实验原理

555 时基电路称为集成定时器,是一种数字、模拟混合型的中规模集成电路,其应用十分广泛。该电路使用灵活、方便,只需外接少量的阻容元件就可以构成单稳、多谐和施密特触发器,因而广泛用于信号的产生、变换、控制与检测。它的内部电压标准使用了三个 5 kΩ 的电阻,故取名为 555 电路。其电路类型有双极型和 CMOS 型两大类,两者的工作原理和结构相似。几乎所有的双极型产品型号最后的三位数码都是 555 或 556;所有的 CMOS 产品型号最后四位数码都是 7555 或 7556,两者的逻辑功能和引脚排列完全相同,易于互换。555 和 7555 是单定时器,556 和 7556 是双定时器。双极型的电压为 +5～+15 V,最大负载电流可达 200 mA;CMOS 型的电源电压为 +3～+18 V,最大负载电流在 4 mA 以下。

1. 555 定时器的工作原理

555 定时器的内部电路结构如图 3.16.1 所示。它含有两个电压比较器,一个基本 RS 触发器,一个放电开关 T_D,比较器的参考电压由三个 5 kΩ 的电阻器构成分压,它们分别使低电平比较器 C_1 反相输入端和高电平比较器 C_2 的同相输入端的参考电平为 $\frac{2}{3}V_{CC}$ 和 $\frac{1}{3}$

V_{CC}。C_1 和 C_2 的输出端控制 RS 触发器状态和放电管开关状态。当输入信号输入并超过 $\frac{2}{3}V_{CC}$ 时,触发器复位,555 定时器的输出端 3 脚输出低电平,同时放电,开关管导通;当输入信号自 2 脚输入并低于 $\frac{1}{3}V_{CC}$ 时,触发器置位,555 定时器的 3 脚输出高电平,同时充电,开关管截止。

$\overline{R_D}$ 是异步置零端,当其为 0 时,555 定时器输出低电平,平时该端开路或接 V_{CC}。V_{CO} 是控制电压端(5 引脚),平时输出 $\frac{2}{3}V_{CC}$ 作为比较器 C_1 的参考电平,当 5 引脚外接一个输入电压,即改变了比较器的参考电平,从而实现对输出的另一种控制,在不接外加电压时,通常接一个 $0.01\ \mu F$ 的电容器到地,起滤波作用,以消除外来的干扰,确保参考电平的稳定。T_D 为放电管,当 T_D 导通时,将给接于 7 引脚的电容器提供低阻放电电路。

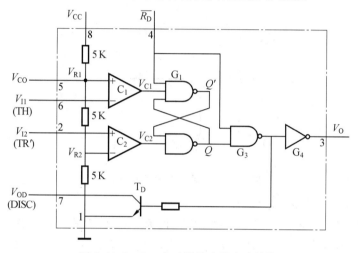

图 3.16.1　555 定时器的内部电路结构

2. 555 定时器的典型应用

(1)555 定时器构成单稳态触发器。

图 3.16.2 所示为 555 定时器构成的单稳态触发器。平时 $V_I \geqslant 1/3V_{CC}$,电源接通瞬间,电路有一个稳定的过程,即电源通过电阻 R 向电容 C 充电,当 V_C 上升到 $\frac{2}{3}V_{CC}$ 时,基本 RS 触发器复位,V_O 为低电平,放电管 T_D 导通,电容放电,电路进入稳定状态,如图 3.16.3 中的 t_1 所示。若触发器输入端施加触发信号($V_I < \frac{1}{3}V_{CC}$),触发器发生翻转,电路进入暂稳态,V_O 输出高电平,且放电管 T_D 截止,此后电容 C 充电到 $V_C = \frac{2}{3}V_{CC}$ 时,电路又发生翻转,V_O 为低电平,T_D 管导通,电容 C 放电,电路恢复至稳态。触发过程波形图如图 3.16.3 所示。

暂稳态的持续时间 T_W(即延时时间)由外接元件 R、C 的大小决定,即 $T_W = 1.1RC$。

通过改变 R、C 的大小,使延时时间在几个微秒和几十分钟之间变化。当这种单稳态电路作为计时器时,可直接驱动小型继电器,并可采用复位端接地的方法来终止暂态,重新计时。

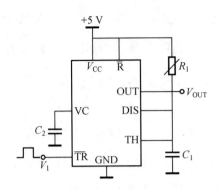

图 3.16.2　555 定时器构成的单稳态触发器

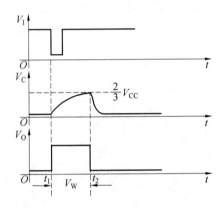

图 3.16.3　单稳态触发器波形图

(2)555 定时器构成多谐振荡器。

如图 3.16.4 所示，由 555 定时器和外接元件 R_1、R_2、C 构成多谐振荡器，TR 与 TH 直接相连。电路没有稳态，仅存在两个暂稳态，电路也不需要外接触发信号，利用电源通过 R_1、R_2 向 C 充电，以及 C 通过 R_2 向放电端 DC 放电，使电路产生振荡。电容 C 在 $\dfrac{2}{3}V_{CC}$ 和 $\dfrac{1}{3}V_{CC}$ 之间充电和放电，从而在输出端得到一系列的矩形波，对应的波形如图 3.16.5 所示。R_1 为可调电位器，可通过调节 R_1 来改变输出信号的占空比。

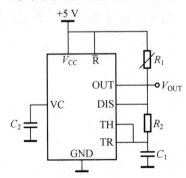

图 3.16.4　555 定时器构成的多谐振荡器

输出信号的时间参数为

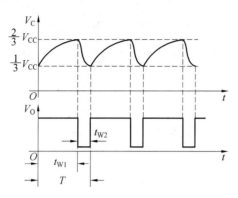

图 3.16.5 多谐振荡器的波形图

$$T = t_{w1} + t_{w2}$$
$$t_{w1} = 0.7(R_1 + R_2)C$$
$$t_{w2} = 0.7R_2C$$

式中,t_{w1} 为 V_C 由 $\frac{1}{3}V_{CC}$ 上升到 $\frac{2}{3}V_{CC}$ 所需的时间;t_{w2} 为电容 C 放电所需的时间。

555 定时器要求 R_1 与 R_2 均应不小于 1 kΩ,但两者之和应不大于 3.3 MΩ。

外部元件的稳定性决定了多谐振荡器的稳定性,555 定时器配以少量的元件即可获得较高精度的振荡频率,以及具有较强的功率输出能力,因此这种形式的多谐振荡器应用很广。

(3)555 定时器组成施密特触发器。

电路如图 3.16.6 所示,只要将引脚 2 和引脚 6 连在一起作为信号输入端,即得到施密特触发器。图 3.16.7 所示为 V_1 和 V_O 的波形图。

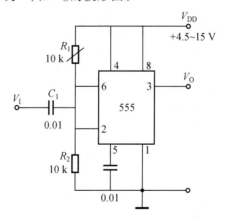

图 3.16.6 555 定时器构成的施密特触发器

由前面介绍可知,RS 触发器的两个阈值电平为 $\frac{1}{3}V_{DD}$ 和 $\frac{2}{3}V_{DD}$。如图 3.16.6 所示,改变电位器 R_1 的值,可以改变偏置电压,当 $R_1 = R_2$ 时,2、6 引脚的偏置电压在 $\frac{1}{2}V_{DD}$,介于 RS 触发器的两个阈值电平之间。如图 3.16.7 所示,当输入的正弦波电压的瞬时电平低于 $\frac{1}{3}$

V_{DD}时，555 定时器置位，V_O 输出高电平；而当瞬时输入电压高于$\frac{2}{3}V_{DD}$时，555 定时器复位，V_O 输出从高电平转换为低电平。在输出端得到规则的矩形脉冲，即施密特电路对波形进行了变换、整形。

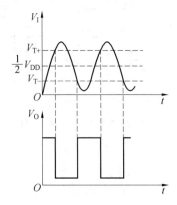

图 3.16.7 555 定时器构成的施密特触发器的波形图

由于施密特触发器两阈值电平为$\frac{1}{3}V_{DD}$和$\frac{2}{3}V_{DD}$，因而存在回差电压：

$$\Delta V = \frac{2}{3}V_{DD} - \frac{1}{3}V_{DD} = \frac{1}{3}V_{DD}$$

四、实验内容及步骤

1. 单稳态触发电路的观测

（1）根据实验原理的电路图搭建单稳态触发电路，如图 3.16.8 所示。闭合开关 K_{12}、K_6，使信号从 555 定时器的 2 引脚输入；闭合开关 K_4、K_3、K_9，将 6 引脚与 7 引脚相连，两端分别接 WR 和电容 C。

（2）信号类型选择频率为 1 kHz，占空比为 50% 的脉冲信号，脉冲的幅度不可调，默认为 $3.3V_{pp}$。

（3）调节 WR，改变电路中 R 的值或通过开关 K_4 与 K_8 改变电路中 C 的值，观察不同元件参数下 555 定时器 6 引脚的模拟波形，以及 3 引脚输出波形单稳时间的变化情况，实验结束，将所有开关重置。

2. 多谐振荡电路的观测

（1）根据实验原理里的电路图搭建多谐振荡电路。闭合开关 K_{10}，将 2 引脚与 6 引脚相连；闭合开关 K_7、K_{13}、K_1、K_8，外接电位器 WR、R 与 C 构成多谐振荡器；电路不需要外接触发信号源，会自己产生谐振信号输出。

（2）调节 WR，改变电路中 R 的值或通过开关 K_4 与 K_8 改变电路中 C 的值，观察不同参数值下输出波形的频率和占空比的变化，实验结束，将所有开关重置。

3. 施密特电路的观测

（1）根据实验原理里的电路图搭建施密特电路。闭合开关 K_5、K_6、K_{10}，将 2 引脚与 6 引脚连在一起作为信号输入端；闭合开关 K_{11} 和 K_3，接入电位器 WR 和电阻 R 组成偏置电阻。

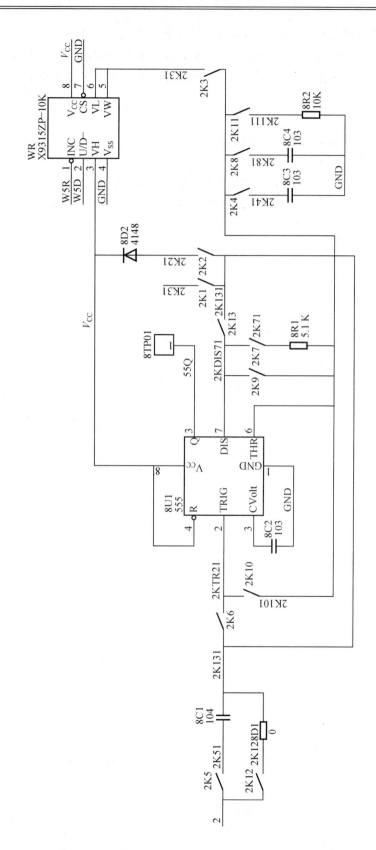

图3.16.8 单稳态触发器电路图

(2)信号类型选择频率为1 kHz,幅度为3.3 V的正弦波。

(3)调节 WR,改变电路中 R 的值,观察不同元件参数下,输出波形的变化情况。

(4)改变输入信号源为三角波,重复以上步骤;实验结束,将所有开关重置。

五、实验报告

(1)单稳态触发器的输出脉冲宽度与什么有关?

(2)多谐振荡器的振荡频率主要由哪些元件决定?

(3)在实验中555定时器5引脚所接的电容起什么作用?

(4)利用本实验电路提供的外接电路元件,合理组合开关,构建其他的555定时器应用电路实验。

附　　录

APPENDIX

附录 I　常用集成电路外引线功能端排列表

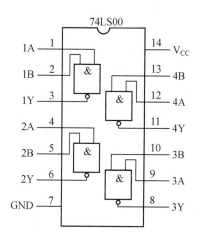

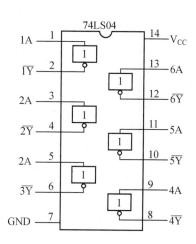

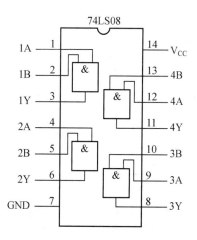

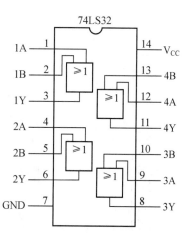

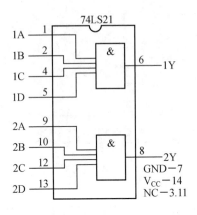

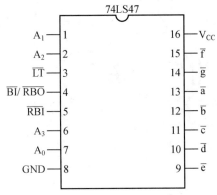

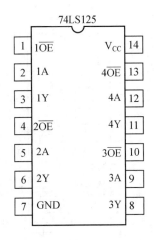

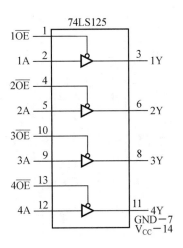

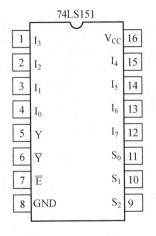

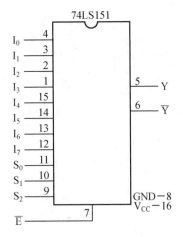

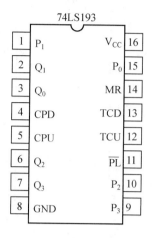

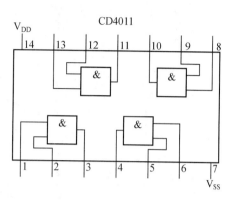

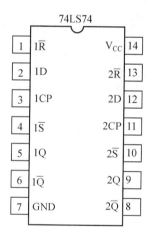

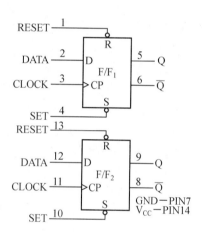

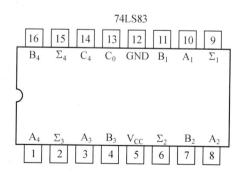

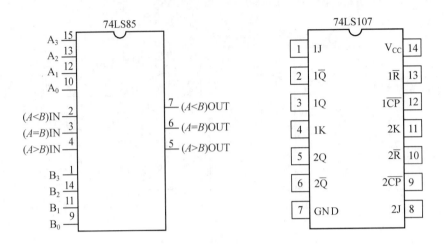

附录Ⅱ QuartusⅡ快速入门

1. QuartusⅡ简介

QuartusⅡ是 Altera 公司推出的第四代可编程逻辑器件 CPLD/FPGA 集成开发环境，具有数字逻辑设计的全部特性，提供了从设计输入到器件编程的全部功能。

（1）可利用原理图、结构框图、Verilog HDL、模拟硬件描述语言是（AHDL）和超高速集成电路硬件描述语言（VHDL）等多种设计输入完成电路描述，并将其保存为设计实体文件。

（2）芯片（电路）平面布局连线编辑。

（3）LogicLock 增量设计方法，用户可建立并优化系统，然后添加对原始系统的性能影响较小或无影响的后续模块。

（4）功能强大的逻辑综合工具。

（5）完备的电路功能仿真与时序逻辑仿真工具。

（6）定时/时序分析与关键路径延时分析。

（7）可使用 SignalTapⅡ逻辑分析工具进行嵌入式的逻辑分析。

（8）支持软件源文件的添加和创建，并将它们链接起来生成编程文件。

（9）使用组合编译方式可一次完成整体设计流程。

（10）自动定位编译错误。

（11）高效的元器件编程与验证工具。

（12）可读入标准的 EDIF（电子设计交换格式）网表文件、VHDL 网表文件和 Verilog 网表文件。

（13）能生成第三方 EDA（电子设计自动化）软件使用的 VHDL 网表文件和 Verilog 网表文件。

2. 利用 QuartusⅡ软件的开发流程

利用 QuartusⅡ软件的开发流程可概括为以下几步：设计输入、设计编译、设计定时分析、设计仿真和元器件编程。

（1）设计输入。利用 QuartusⅡ软件在 File 菜单中提供"New Project Wizard…"向导，设计者可以完成项目的创建。当设计者需要向项目中添加新的设计文件时，可以通过

"New"选项选择添加。

（2）设计编译。Quartus Ⅱ编译器完成的功能有：检查设计错误、对逻辑进行综合、提取定时信息、在指定的 Altera 系列元器件中进行适配分割，产生的输出文件将用于设计仿真、定时分析及元器件编程。

（3）设计定时分析。利用 Project 菜单下的"Timing Settings..."选项，设计者能够方便地完成时间参数的设定。Quartus Ⅱ软件的定时分析功能在编译过程结束之后自动运行，并在编译报告的 Timing Analyses 文件夹中显示，可以得到最高频率 f_{max}、输入寄存器的建立时间 t_{SU}、引脚到引脚延迟 t_{PD}、输出寄存器时钟到输出的延迟 t_{CO} 和输入保持时间 t_H 等时间参数的详细报告，从中可以清楚地判定是否达到系统的定时要求。

（4）设计仿真。Quartus Ⅱ软件允许设计者使用基于文本的向量文件（.vec）作为仿真器的激励，也可以在 Quartus Ⅱ软件的波形编辑器中产生向量波形文件（.vwf）作为仿真器的激励。在 Processing 菜单下选择"Simulate Mode"选项进入仿真模式，选择"Simulator Settings..."对话框进行仿真设置。在这里可以选择激励文件、仿真模式（功能仿真或时序仿真）等，单击"Run Simulator"即开始仿真过程。

（5）器件编程。设计者可以将配置数据通过通信电缆下载到元器件当中，通过被动串行配置模式或 JTAG（联合测试工作组）模式对元器件进行配置编程，还可以在 JTAG 模式下对多个元器件进行编程。

3. Quartus Ⅱ 环境下的编程开发流程

下面以二输入与门电路的设计过程为例，介绍在 Quartus Ⅱ环境下的编程开发流程。

（1）启动 Quartus Ⅱ。启动 Quartus Ⅱ可以看到主界面由四部分构成：工程导向窗口、状态窗口、信息窗口和用户区。Quartus Ⅱ基本界面如附图Ⅱ.1 所示。

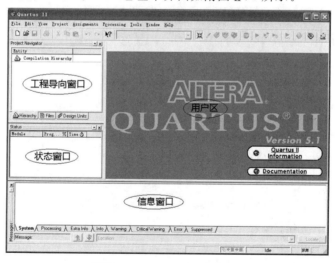

附图Ⅱ.1　Quartus Ⅱ基本界面

（2）利用向导，建立一个新项目。在 File 菜单中选择"New Project Wizard..."选项启动项目向导。

①如附图Ⅱ.2 所示，分别指定创建项目的路径、项目名和顶层文件名。项目名和顶层文件可以一致也可以不同。一个项目中可以有多个文件，但只能有一个顶层文件。这里，将

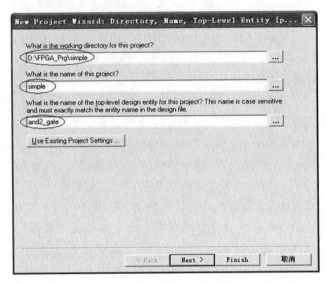

附图Ⅱ.2　QuartusⅡ项目名称、路径、顶层文件设定窗口

项目名取为"simple",顶层文件名取为"and2_gate"。

②单击"Next>"按钮,页面二是在新建的项目中添加已有文件的,本例中不需做任何操作。

③单击"Next>"按钮,进入页面三,完成元器件选择。元器件的选择是和实验平台的硬件相关的,在这里,选择的是MAXⅡ系列型号为EPM570T100C5的器件,封装为TQFP,管脚数100,速度等级为5,通过这些条件的限制,可以很快地在可选元器件框(Filters)中找到相应的元器件,如附图Ⅱ.3所示。

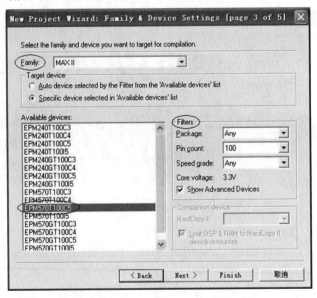

附图Ⅱ.3　QuartusⅡ中元器件选择窗口

④后面两步分别是对EDA工具的设定和项目综述,都不做任何操作。单击"Finish"按钮完成项目创建。QuartusⅡ项目设定完成综述窗口如附图Ⅱ.4所示。

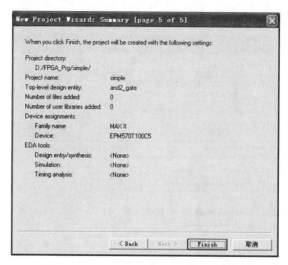

附图Ⅱ.4　QuartusⅡ项目设定完成综述窗口

　　(3)新建一个 VHDL 文件。QuartusⅡ中包含完整的文本编辑程序(TextEditor),在此用 VHDL 来编写源程序。新建一个 VHDL 文件,可以通过快捷按钮▯,或快捷键 Ctrl＋N,或直接从 File 菜单中选择"New..."都可以,在弹出的对话框中选择"Device Design Files"中的"VHDL File",单击"OK"按钮。

　　(4)VHDL 程序输入。在用户区 VHDL 文件窗口中输入源程序,保存时文件名与实体名保持一致。

LIBRARY IEEE;
USE IEEE. STD_LOGIC_1164. All;

ENTITY and2_gate IS
　　PORT(a:IN BIT;
　　　　b:IN BIT;
　　　　c:OUT BIT);
END and2_gate;

ArCHITECTURE behave of and2_gate IS
BEGIN
　　c＜＝a and b;
END behave;

　　(5)对源程序进行语法检查和编译。对以上源程序进行分析综合,检查语法规范,如果没有问题则编译整个程序;如果出现问题,则对源程序进行修改,直至没有问题为止。

　　(6)仿真。QuartusⅡ内置波形编辑程序(waveform editor)可以生成和编辑波形设计文件,从而设计者可观察和分析模拟结果。QuartusⅡ中的仿真包括功能仿真和时序仿真,功能仿真检查逻辑功能是否正确,不含元器件内的实际延时分析;时序仿真检查实际电路能否达到设计指标,含元器件内的实际延时分析。两种仿真操作类似,只需在 Tools 菜单中选择

"Simulater Tool",在其中进行选择即可,如附图Ⅱ.5所示。

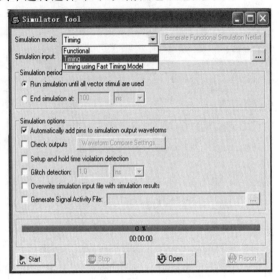

附图Ⅱ.5　QuartusⅡ项目仿真设定窗口

现以时序仿真为例,介绍仿真的具体操作过程。

①新建一个波形文件。该过程与新建 VHDL 文件类似,只是在弹出页式对话框后选择"Other Files"页面的"Vector Wave form File"。

②在波形文件中加入所需观察波形的管脚。在"Name"中单击右键,选择"Insert Nodeor bus..."选项,出现"Insert Nodeor bus"对话框,此时可在该对话框的 Name 栏直接键入所需仿真的管脚名,也可单击"Node Finder..."按钮,将所有需仿真的管脚一起导入。QuartusⅡ建立待仿真文件时的管脚及内部信号选择窗口如附图Ⅱ.6所示。

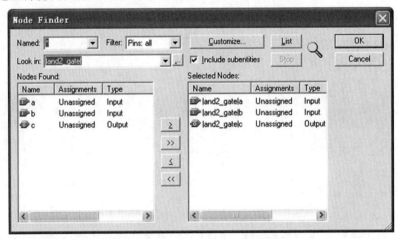

附图Ⅱ.6　QuartusⅡ建立待仿真文件时的管脚及内部信号选择窗口

在 Filter 下拉列表框中选择合适的选项,单击"List"按钮,将在"Nodes Found"框中列出所有符合条件的管脚,将所需仿真的管脚移至"Selected Nodes"框中,然后单击"OK"按钮进入波形仿真界面。

③给输入管脚指定仿真波形。分别选中输入管脚,使用波形编辑器(附图Ⅱ.7)对其输

入波形进行编辑。最后保存波形文件,如附图Ⅱ.8所示。

附图Ⅱ.7　QuartusⅡ波形编辑器

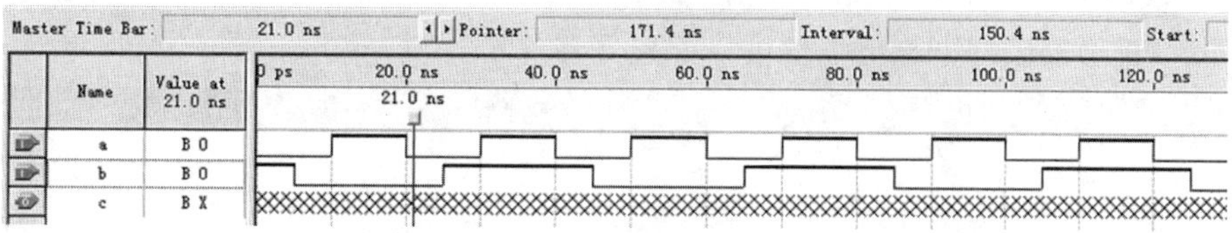

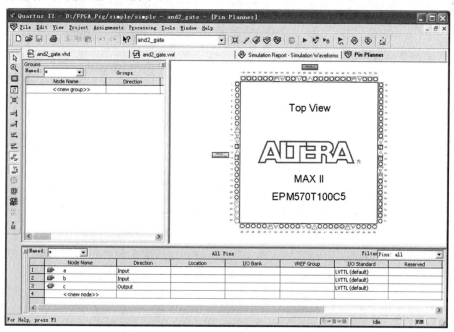

附图Ⅱ.8　QuartusⅡ中编辑完成的待仿真波形文件

④波形仿真。单击按钮,进行波形仿真,仿真产生的实际工作形如附图Ⅱ.9所示。

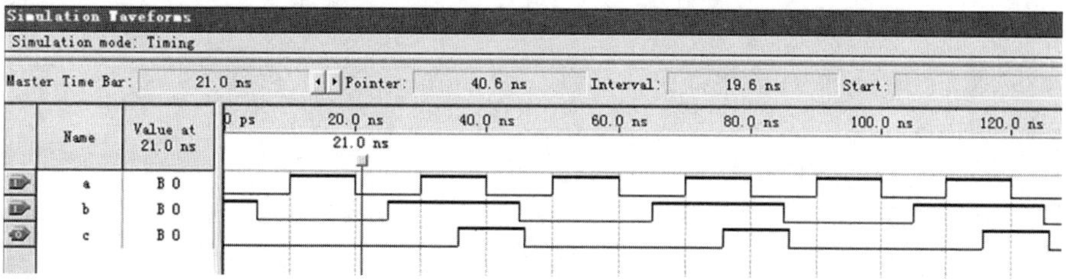

附图Ⅱ.9　QuartusⅡ仿真产生的实际工作波形

(7)分配管脚。选择 Assignment 菜单的 pins 选项,进入管脚分配界面。在管脚分配之前确定类别栏按钮,管脚过滤栏和分色显示按钮都处于有效状态,按下类别栏的"Pin"按钮。管脚分配也与实际电路密切相关。在"Node Filter"栏中单击右键,选择"Node Finder..."选项,选中所有输入输出管脚。在管脚分配栏中,将程序中的输入输出脚分配到 MAXⅡ的管脚上并保存,如附图Ⅱ.10所示。

附图Ⅱ.10　QuartusⅡ项目管理中的管脚分配窗口

在管脚分配完成后,重新编译项目,系统将自动生成"＊.pof"文件。

(8)下载程序。选择 Tools 菜单下的"Programmer",弹出编程器界面如附图Ⅱ.11所示。单击"Add File"按钮,选择相应的编程文件"＊.pof",在编程窗口中的模式选择栏中选择"JTAG"。

单击"Hardware Setup"按钮,弹出 Hardware 设置对话框设置下载电缆,界面如附图Ⅱ.12所示,正确安装好下载电缆便可以配置元器件了。

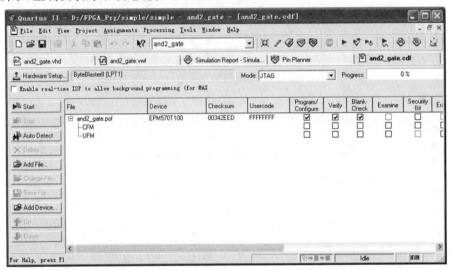

附图Ⅱ.11　QuartusⅡ项目编程器界面

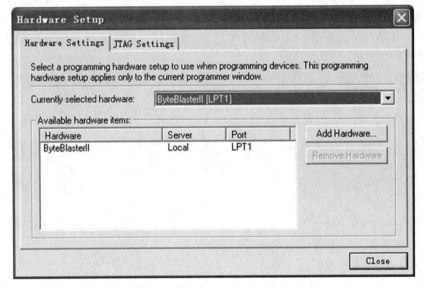

附图Ⅱ.12　QuartusⅡ下载电缆设置界面

单击附图Ⅱ.11中的"Start"按钮,如果配置顺利完成,那么软件将提示配置成功。观察实验结果,验证实验内容是否正确。

附录Ⅲ　VHDL 入门教程

Ⅲ.1 VHDL 程序的组成

一个完整的 VHDL 程序由以下五部分组成。

(1)库(LIBRARY)。储存预先已经写好的程序和数据的集合。

(2)程序包(PACKAGE)。声明在设计中将用到的常数、数据类型、元器件及子程序。

(3)实体(ENTITY)。声明到其他实体或其他设计的接口,即定义的输入输出端口。

(4)构造体(ARCHITECTUR)。定义实体的实现,是电路的具体描述。

(5)配置(CONFIGURATION)。一个实体可以有多个构造体,可以通过配置来为实体选择其中一个构造体。

1. 库

库用于存放预先编译好的程序包和数据集合体,可以用 USE 语句调用库中不同的程序包,以便不同的 VHDL 设计使用。

库调用的格式:

LIRARY 库名

USE 库名. 所要调用的程序包名. ALL

可以这样理解,库在硬盘上的存在形式是一个文件夹,如库 IEEE,就是一个 IEEE 的文件夹,可以打开 MAX PLUSR 安装源文件夹,进入 VHDL93 的文件夹,就可以看到一个 IEEE 的文件夹,这就是 IEEE 库,而里面的文件就是一个个对程序包或是数据的描述文件,可以用文本编辑器打开来查看文件的内容。如在 VHDL 程序里面经常可以看到"USE IEEE. STD_LOGIC_1164",可以这样解释这句话:本程序里要用到 IEEE 文件夹下程序包 STD_LOGIC_1164,而 STD_LOGIC_1164 是可以在 IEEE 文件夹的 STD1164. vhd 文件里面看到的,用文本打开 STD1164. vhd,可以看到有一名为"IEEE. STD_LOGIC_1164"的程序包定义。简单来说,库相当于文件夹,而程序包和数据就相当于文件夹里面的文件的内容(注意:不是相当于文件,因为程序包和数据都是在文件里面定义的,而文件名是和实体名相同的,可以说实体相当于文件)。

到了这里就可以考虑一个问题,在安装 MAX PLUS 时有多少个库是已经存在的呢?要得到这个问题的答案,可以打开安装目录下的"VHDL93"文件夹,就可以看到里面有五个文件夹,分别是 ATERA、IEEE、LPM、STD、VITAL,也就是说你看到了五个库。

(1)ATERA 功能库。增强型功能部件,即 IP 核,包括数字信号处理、通信、PCI 和其他总线接口、处理器和外设及外设的功能。

(2)IEEE 库。由 IEEE(美国电子电机工程师学会)制定的标准库。

(3)LPM 库。参数可调模块库。

(4)STD 库。符合 VHDL 标准的库。

(5)VITAL 库。VHDL 上对 asic 提供高精确度及高效率的仿真模型库。

调用库的表达有两种,一种是显式表示,就是用库和 USE 来调用库里面的程序包或数据,适用于那些不符合 VHDL 标准的库调用,如 IEEE 库;另一种是隐式表示,就是不用说明就自动调用的,适合于符合 VHDL 标准的库调用,如 STD 库,不用写明调用就已经自动调用出来了。

除了上面所介绍的库外,还有用户自定义库及 WORK 库,WORK 库是用户的 VHDL 现行工作库,从上面的理解可知,WORK 库就是用户当前编辑文件所在的文件夹,文件夹里面的其他文件里面所描述的包或数据的集合就是 WORK 库里面的包和数据的集合。由于 WORK 库自动满足 VHDL 标准,因此在应用中不必以显式预先说明(如 LIBRARYWORK 这样的定义是多余的)。

2. 程序包

在 VHDL 中,常量、数据类型与子程序可以在实体说明部分和结构体部分加以说明,且实体说明部分所定义的常量、数据类型与子程序在相应的结构体中是可见的(可以被使用的),但在一个实体的说明部分与结构体部分对于其他实体的说明部分与结构体部分是不可见的(注:实体相当于一个文件),程序包就是为了使一组常量说明、数据说明、子程序说明和元器件说明等内容对于多个设计实体都成为可见的而提供的一种结构,可以这样理解:一个实体(文件)里的程序包对常量等的定义在其他的实体(文件)里是可以被使用的。

程序包由包头和包体构成,包头格式:

PACKAGE 程序包名 IS

说明语句;

END 程序包名;

说明语句部分可为:USE 语句、类型定义、子程序声明(定义在包体)、常量定义、信号声明、元器件声明等。

包体格式:

PACKAGE BODY 程序包名 IS

说明语句;

END 程序包名;

说明部分用于子程序的定义。注:在包中对子程序的说明分为两部分,子程序声明放在包头,子程序的定义在包体。

实体对于程序包不是自动可见的,为了使用程序包说明的内容就必须在实体的开始加上 USE 语句(即要用 USE 来调用程序包里面所说明的东西),即使实体和程序包是在同一个文件里也要这样调用。

3. 实体

实体是 VHDL 设计中最基本的组成部分之一(另一个是结构体),VHDL 表达的所有设计均与实体有关。实体类似于原理图中的一个部件符号,它并不描述设计的具体功能,只是定义所需的全部输入/输出信号。

实体格式如下:

ENTITY 实体名 IS

[GENERIC(常数名:数据类型[:设定值])]　　　——类属说明

PORT　　　　　　　　　　　　　　　　　　——端口说明

(端口信号名 1:模式 类型;

端口信号名 2:模式 类型；

端口信号名 3:模式 类型；

端口信号名 4:模式 类型);

END 实体名;

(1)实体名。MAXPLUSII 要求实体名必须与 VHDL 文件名相同,否则编译会出错。

(2)类属参量。用于为设计实体和其外部环境通信的静态信息提供通道,可以定义端口的大小、实体中元器件数目及实体的延时特性等。带有 GENERIC 的实体所定义的元器件称为参数化元器件,即元器件的规模或特性由 GENERIC 的常数决定,在 GENERIC 所定义的常数是可以在引用过程中修改的,因此利用 GENERIC 可以设计更加通用的元器件,弹性地适应不同的应用。

(3)端口信号名。端口信号名在实体之中必须是唯一的,信号名应是合法的标识符。

(4)端口模式。端口模式有 IN、OUT、INOUT、BUFFER 和 LINKAGE 五种类型,这五种类型在后面的章节将介绍到。

(5)端口类型。端口类型常用的有 INTEGER、STD_LOGIC、STD_LOGIC_VECTOR,有待后面章节介绍。

4. 结构体

所有能被仿真的实体都由结构体描述,即结构体描述实体的结构或行为,一个实体可以有多个结构体,每个结构体分别代表该实体功能的不同实现方案。

结构体格式：

ARCHITECTURE 结构体名 OF 实体名 IS

［定义语句(元器件例化);］

BEGIN

并行处理语句;

END 结构体名;

结构体名是对本结构体的命名,它是该结构体的唯一名称,虽然可以由设计人员自由命名,但一般都将命名和对实体的描述结合起来,结构体对实体描述有三种方式(括号中为命名)。

(1)行为描述(BEHAVE)。行为描述反映一个设计的功能和算法,一般使用进程 PROCESS,用顺序语句表达。

(2)结构描述(STRUCT)。结构描述反映一个设计硬件方面的特征,表达了内部元器件间连接关系,使用元器件例化来描述。

(3)数据流描述(DATAFLOW)。数据流描述反映一个设计中数据从输入到输出的流向,使用并行语句描述。

5. 配置

一个实体可以用多个结构体描述,具体综合时,选择哪一个结构体来综合,由配置来确定,仿真时用配置语句进行配置能节省大量时间。

配置格式：

CONFIGURATION 配置名 OF 实体名 IS

FOR 选配结构体名；

END FOR；

END CONFIGURATION；

Ⅲ.2 数据类型、算符、数据对象、属性

1. 标识符

VHDL 标识符由大小写字母、数字和下划线构成，不区分大小写。

2. 数据对象

在逻辑综合中，VHDL 常用的数据对象有信号（SIGNAL）、变量（VARIABLE）及常量（CONSTANT）。

（1）信号。信号为全局变量，在程序包说明、实体说明、结构体描述中使用，用于声明内部信号，而非外部信号（外部信号为 IN、OUT、INOUT、BUFFER），其在元器件之间起互联作用，可以赋值给外部信号。

定义格式：

SIGNAL 信号名：数据类型［:＝初始值］；

赋值格式：

目标信号名＜＝表达式；

常在结构体中用赋值语句完成对信号赋初值的任务，因为综合器往往忽略信号声名时所赋的值。

（2）变量。变量只在给定的进程中用于声明局部值或用于子程序中，变量的赋值符号为":＝"，和信号不同，信号是实际的，是内部的一个存储元器件（SIGNAL）或者是外部输入（IN、OUT、INOUT、BUFFER），而变量是虚的，仅是为了书写方便而引入的一个名称，常用在实现某种算法的赋值语句当中。

定义格式：

VARIABLE 变量名：数据类型［:＝初始值］；

（3）常量。常量为全局变量，在结构体描述、程序包说明、实体说明、过程说明、函数调用说明和进程说明中使用，在设计中描述某一规定类型的特定值不变，如利用它可设计不同模值的计数器，模值存于一常量中，对不同的设计，改变模值仅需改变此常量即可，就如上一章所说的参数化元器件。

定义格式：

CONSTANT 常数名：数据是类型：＝表达式；

信号和变量最大的不同在于，如果在一个进程中多次为一个信号赋值，只有最后一个值会起作用，而当为变量赋值时，变量值的改变是立即发生的。

3. 数据类型

VHDL 是一种强类型语言，对于每一个常数、变量、信号、函数及设定的各种参量的数据类型（DATA TYPES）都有严格要求，相同数据类型的变量才能互相传递和作用，标准定义的数据类型都在 VHDL 标准程序表 STD 中定义，实际使用中，不需要用 USE 语句以显式调用。

VHDL 常用的数据类型有三种:标准定义的数据类型、IEEE 预定义标准逻辑位与矢量及用户自定义的数据类型。

(1)标准定义的数据类型。

①Boolean(布尔量):取值为 FALSE 和 TRUE。

②CHARACTER(字符):字符在编程时用单引号括起来,如'A'。

③STRING(字符串):双引号括起来,如"ADFBD"。

④INTEGER(整数):整数范围从 $-(2^{31}-1)$ 到 $(2^{31}-1)$。

⑤REAL(实数):实数类型仅能在 VHDL 仿真器中使用,综合器不支持。

⑥BIT(位):取值为 0 或 1。

⑦TIME(时间):范围从 $-(2^{31}-1)$ 到 $(2^{31}-1)$,表达方法包含数字、(空格)单位两部分,如(10 ps)。

⑧BIT_VECTOR(位矢量):其于 BIT 数据的数组,使用矢量必须注明宽度,即数组中的元素个数和排列,如 SIGNALA:BIT_VECTOR(7DOWNTO0)。

⑨NATUREAL(自然数):整数的一个。

⑩POSITIVE(正整数)。

⑪SEVRITYLEVEL(错误等级):在 VHDL 仿真器中,错误等级用来设计系统的工作状态,共有四种可能的状态值,即 NOTE、WARNING、ERROR 和 FAILURE。

(2)IEEE 预定义的标准逻辑位与矢量。

①STD_LOGIC:工业标准的逻辑类型,取值为'0'、'1'、'Z'、'X'(强未知)、'W'(弱未知)、'L'(弱 0)、'H'(弱 1)、'—'(忽略)、'U'(未初始化),只有前四种具有实际物理意义,其他的是为了与模拟环境相容才保留的。

②STD_LOGIC_VECTOR:工业标准的逻辑类型集,STD_LOGIC 的组合。

(3)用户自定义的数据类型。主要有枚举类型、数组类型、记录类型等。

①枚举类型。

TYPE 数据类型名 IS(枚举文字,枚举文字……)

整数类型与实数类型是标准包中预定义的整数类型的子集,由于综合器无法综合未限定范围的整数类型的信号或变量,故一定要用 RANGE 子句为所定义整数范围限定范围以使综合器能决定信号或变量的二进制的位数。

格式:TYPE 数据类型名 IS RANGE 约束范围;(如 -10 到 $+10$)

②数组类型:

TYPE 数据类型名 IS ARRAY(下限 TO 上限)OF 类型名称

③记录类型:

TYPE 记录类型名 ISRECODE

元素名:数据类型名;

元素名:数据类型名;

……

END RECODE

4. 运算符

VHDL 为构造计算数值的表达式提供了许多预定义运算符,可分为四种类型,包括算术运算符、关系运算符、逻辑运算符和连接运算符。

算术运算符:＋、－、＊、/、＊＊、MOD、REM、ABS;

关系运算符:＝、/＝、＜、＜＝、＞、＞＝;

逻辑运算符:AND、OR、NOT、NAND、NOR、XOR、NOR;

连接运算符:&,将多个对象或矢量连接成维数更大的矢量。

5. VHDL 属性

属性是关于实体、结构体、类型及信号的一些特征,有些属性对于综合非常有用,其一般形式均为:对象'属性。

(1)数值类属性用于返回数组、块或一般数据的有关值。

一般数据的数值属性:LEFT,RIGHT,LOW,HIGH;

数组的数值属性:LENGH;

块的数值属性:BEHAVIOR,不含有元器件 COMPONENT 例化信息时返回 FALSE;STRUCTURE 含有元器件实例化或有被动进程时,则返回 TURE。(注:被动进程定义是在进程定义中没有代入语句。)

(2)函数类属性。以函数的形式,使设计人员得到有关数据类型、数组、信号的某些信息。

数据类型属性函数:POS(X)得到输入 X 值的位置序号、VAL(X)得到输入位置序号的 X 值,SUSS(X)、PRED(X)、LEFTOF(X)、RIGHTOF(X);

数组属性函数:LEFT(N),RIGHT(N),HIGH(N),LOW(N)。

(3)数据类型属性,这类属性类函数仅一个,即 BASE。

(4)数据区间类的属性,RANGE[(N)]和 REVERS_RANGE[(N)]。用户自定义的属性,格式为

ATTRIBUTE 属性名 OF 目标名:目标集合 IS

表达式以函数的形式,使设计人员得到有关数据类型。

Ⅲ.3 顺序语句与并行语句

顺序语句与并行语句是 VHDL 程序设计中两大基本描述语句系列。

1. 顺序语句

顺序语句的特点从仿真的角度来看是每一条语句的执行按书写顺序进行,顺序语句只能出现在块语句、进程和子程序内部。顺序控制方式有两种,一种是条件控制(IF 和 CASE 语句),另一种是迭代控制(LOOP 语句和 ASSERT 语句),有 10 种基本类型。

(1)赋值语句。

赋值语句分为变量赋值和信号赋值,它们的赋值是有区别的。

首先在格式上,变量赋值格式为"变量名:＝表达式",而信号的赋值格式为"信号名＜＝表达式"。

其次体现在所用的地方,变量说明和使用都只能在顺序语句中(进程、函数、过程和块模块),而信号的说明只能在同步语句中,但可以在顺序语句和同步语句中使用。

再次体现在赋值过程,变量的赋值是立即的,而信号的赋值的执行和信号值的更新至少

要延时,只有延时后信号才能得到新值,否则将保持原值,在进程中,信号赋值在结束时起作用。

(2)WAIT 语句。

WAIT 语句属于敏感信号激励信号,当一个进程语句含有敏感信号时,进程中不能出现 WAIT 等待语句;当进程语句不含有敏感信号时,进程语句必须含有其他形态的敏感信号激励。WAIT 语句有五种形式。

①WAIT——无限等待。

②WAIT ON(敏感信号 1,敏感信号 2,…,敏感信号 N)——敏感信号变化,表中的信号产生变化时才往下运行。

③WAIT UNTIL 布尔表达式——为 TRUE 时,进程启动,为 FARLSE 时等待。

④WAIT FOR 时间表达式——到时进程才会启动。

⑤WAIT UNTIL 布尔表达式 ON(敏感信号 1,敏感信号 2,敏感信号 N)FOR 时间表达式——多条件等待语句,注意在多条件等待语句的表达式中,至少应有一个信号量,因为处于等待进程中的变量是不可改变的。

(3)IF 语句。

IF 语句在其他编程语言也有,不用多讲,其完整的书写格式如下:

[IF 标号:] IF〈条件〉THEN

〈顺序处理语句〉;

[ELSIF〈条件〉THEN

〈顺序处理语句〉;]

……

[ELSE

〈顺序处理语句〉;]

END IF[IF 标号]

(4)CASE 语句。

CASE 语句是另一种形式的流程控制语句,可读性比 IF 的强,格式如下:

CASE〈条件表达式〉IS

WHEN〈条件取值〉＝＞顺序处理语句;

WHEN〈条件取值〉＝＞顺序处理语句;

WHEN〈条件取值〉＝＞顺序处理语句;

WHEN OTHERS＝＞顺序处理语句;

END CASE;

上面的〈条件取值〉有三种格式可选。

①条件表达式取值。

②条件表达式取值|条件表达式取值|条件表达式取值。

③条件表达式取值 TO 条件表达式取值。

(5)LOOP 语句。

LOOP 语句与其他高级编程语言中的循环语句一样,可以使程序进行有规律的循环,循环的次数受迭代算法的控制,一个 LOOP 语句可包含要重复执行的一组顺序语句,它可以执行多次或是零次。

　　LOOP 语句格式：

　　[LOOP 标号：][重复模式]LOOP

　　〈顺序处理语句〉；

　　END LOOP[LOOP 标号]；

　　重复模式有两种，FOR 模式和 WHILE 模式。

　　①FOR 模式的 LOOP 语句。

　　格式：

　　[LOOP 标号：]FOR 循环变量 IN 离散范围 LOOP

　　〈顺序处理语句〉；

　　END LOOP[LOOP 标号]；

　　②WHILE 模式的 LOOP 语句。

　　格式：

　　[LOOP 标号：] WHILE〈条件〉LOOP

　　〈顺序处理语句〉；

　　END LOOP[LOOP 标号]；

　　(6)NEXT 和 EXIT 语句。

　　NEXT 和 EXIT 语句都是用于跳出 LOOP 循环的，NEXT 语句是用来跳出本次循环的，而 EXIT 语句是用于跳出全部循环的。

　　语法格式：

　　NEXT 或 EXIT[LOOP 标号] [WHEN 条件]

　　(7)NULL 空操作语句。

　　NULL 空操作语句书写格式为"NULL；"，唯一的作用是使程序流程运行到下一个语句，常用于 CASE 语句当中。

　　(8)RETURN 语句。

　　RETURN 语句用在一段子程序结束后，用来返回到主程序的控制语句，一般情况之下，有两种书写格式，分别如下：

　　RETURN；(只能用于进程返回)

　　RETURN 表达式；(只能用于函数返回)

　　在实际的应用中，一般的 VHDL 综合工具要求函数中只能包含一个 RETURN，并规定这条 RETURN 语句只能写在函数末尾，但一些 VHDL 综合工具允许函数中出现多个RETURN语句。

　　(9)ASSERT 断言语句。

　　ASSERT 断言语句主要用于程序仿真或调试中的人机对话，它可以给出一个文字串作为警告和错误信息，基本书写格式如下：

　　ASSERT〈条件〉；

　　REPORT〈输出信号〉；(字符串)

　　SEVERITY〈错误级别〉；(有四种 NOTE、WARNING、ERROR 和 FAILURE)

　　如果程序在仿真或调试过程中出现问题，断方语句就会给出一个文字串作为提示信息，当程序执行到断言语句时,就会对 ASSERT 条件表达式进行判断,如果返回值为 TRUE 则断言语句不做任何操作,程序向下执行;如果返回值为 FALSE,则输出指定的提示信息和出错级别。

断言语句可以分为顺序断言语句和并行断言语句。

(10)REPORT 语句。

REPORT 语句是 93 版 VHDL 标准提供的一种新的顺序语句,该语句没有增加任何功能,只是提供了某些形式的顺序断言语句的短格式,也算是 ASSERT 语句的一个精简,格式如下:

REPORT〈输出信息〉[SEVERITY〈出错级别〉]

2. 并行语句

并行语句在结构体中的执行都是同时进行的,即它们的执行顺序与语句的书写无关,这种并行性是由硬件本身的并行性决定的,即一旦电路接通,它的各部分就会按照事先设计好的方案同时工作,VHDL 有六种并行语句。

(1)并行信号赋值语句。

信号赋值语句相当于一个进程(用于单个信号赋值)的简化形式,用在结构体中并行执行,信号赋值语句提供了三种赋值方式,用来代替进程可令程序代码大大简化。

注:这里要注意,信号赋值语句在顺序语句里面也有,顺序语句里可以给信号赋值也可以给变量赋值,但顺序语句里只能对变量说明,不能对信号说明;并行语句刚好相反。

思考:什么变量不能在并行语句里面说明呢? 为什么信号不能在顺序语句里面说明呢? 因为信号是全局的,变量是局部的,是用来保存中间变量的。

①赋值方式一,并发信号赋值语句。

格式:

信号名＜＝表达式

等效于进程语句,表达式中的信号就是进程语句中的敏感激励信号(注:进程必须含有敏感激励信号,请看下面章节介绍)。

②赋值方式二,条件信号赋值语句。

格式:

目标信号＜＝表达式 1 WHEN 条件 1 ELSE

表达式 2 WHEN 条件 2 ELSE

表达式 3 WHEN 条件 3 ELSE

表达式 4……;

注:条件信号赋值语句与 IF 语句不同之处如下。

i. 以上条件信号赋值语句不能进行嵌套,而 IF 是可以的。

ii. 由于条件信号赋值语句是并行语句,必须用在结构体中的进程之外(进程是用顺序语句来编写的),而 IF 是顺序语句。

iii. 条件信号赋值语句 ELSE 是必须有的,而 IF 可没有。

iv. 条件信号赋值语句与实际的硬件电路十分接近,因此使用该语句要求设计人员具有硬件电路知识,而 IF 一般用来进行硬件电路的高级描述,它不要求太多的硬件电路知识。

v. 一般情况下很少用条件信号赋值语句,只有当用进程语句、IF 语句和 CASE 语句难以对电路进行描述时才用。

③赋值方式三,选择信号赋值语句。

格式如下：

WITH 选择条件表达式 SELECT

目标信号<＝信号表达式 1 WITH 选择条件 1

信号表达式 2 WITH 选择条件 2

信号表达式 3 WITH 选择条件 3

信号表达式 4 WITH OTHERS

注:选择信号赋值语句是一种并行语句,不能在结构体中的进程内部使用。

(2)块语句。

在 VHDL 语言设计中,块语句常常用来对比较复杂的结构体做结构化描述,格式如下：

［块标号：］BLOCK［卫式表达式］

［类属子句；］

［端口子句；］

［块说明部分；］

BEGIN

〈块语句说明部分；〉

END BLOCK［块标号］;

其中,卫式表达式是一个布尔条件表达式,只有当这个表达式为 TURE 时,BLOCK 语句才被执行；类属子句是块的属性说明；块说明部分用于定义 USE、子程序、数据类型、子类型、常量、信号和元器件；块语句说明部分用于描述块的具体功能,可以包含结构块中的任何并行语句结构。

注:块语句的作用就是将一个大的结构划成一块一块小的结构。

(3)进程语句。

进程语句是一种应用广泛的并行语句,一个结构体中可以包括一个或者多个进程语句,结构体中的进程语句是并发关系,即各个进程是同时处理、并行执行的；但在第一个进程语句结构中,组成进程的各个语句都是顺序执行,在进程语句中是不能用并行语句的。

格式：

［进程标号：］PROCESS［敏感信号表］［IS］

［进程语句说明部分；］

BEGIN

〈顺序语句部分〉

END PROCESS［进程标号］;

注:

①敏感信号表列出了进程语句敏感的所有信号,每当其中的一个信号发生变化时,就会引起其他语句的执行,如果敏感信号表不写,那么在 PROCESS 里面必须有 WAIT 语句,由 WAIT 语句来产生对信号的敏感；而当敏感信号表存在时,就不能在 PROCESS 里再有 WAIT 语句。

②IS 可有可无,是由 93 版规定的。

③进程语句说明部分是进程语句的一个说明区,它主要用来定义进程语句所需要的局部数据环境,包括数据类型说明、子程序说明和变量说明。

④进程语句有两种存在状态,一是等待,当敏感信号没有发生变化时;一是执行,当敏感信号变化时。

(4)子程序调用语句。

子程序分为函数和过程,它们的定义属于说明语句,均可在顺序语句和并行语句里面使用,它们的调用方法不一样。函数只有一个返回值,用于赋值,可以说在信号赋值的时候就是对函数的调用;过程有很多个返回值,用于进行处理,准确地来说子程序调用语句就是过程调用语句。

(5)参数传递语句。

参数传递语句即在实体中定义的 GENERIC,可以描述不同材料和不同工艺构成的相同元器件或模块的性能参数(如延时),定义的 GENERIC 的实体称为参数化实体,由参数化实体形成的元器件在例化时具有很大的适应性,在不同的环境下,只需用 GENERIC MAP来修改参数就可以了,使用时,在对元器件例化时加在里面就可。比如已经定义了一个AND2 的实体,要在 EXAMPLE 里面使用 AND2,要先对 AND2 进行元器件声明,再将AND2 例化,如下。

u0:AND2 GENERIC MAP(参数值 1,参数值 2)

PORT MAP(参数表)

(6)元器件例化语句。

一个实体就相当于元器件,元器件名就相当于实体名,元器件要实现的功能在实体里面就已经描述好。如同一个文件夹下已经有一个名为 A. VHD 的文件,如果要在另一个文件B. VHD 里面用到 A. VHD 里面定义的功能,那么可以在 B. VHD 文件里面通过元器件声明和元器件例化来调用 A. VHD 这个元器件,总体来说,调用元器件过程就是"建立元器件—元器件声明—元器件例化",元器件调用时不用 USE 语句的,这和调用程序或类据不同。

注:元器件声明语句属说明语句,不是同步语句,以下对元器件的说明是为了更好地了解元器件的调用,元器件的实例化之前必须要有元器件声明。

元器件声明语句格式:

COMPONENT〈元器件名〉——元器件名就是文件名,即是实体名

[GENERIC〈参数说明〉;]——这就是所产的元器件参数

PORT〈端口说明〉;

END COMPONENT;

元器件例化格式:

元器件符:元器件名 GENERIC MAP(参数表)

PORT MAP(端口表)

(7)生成语句。

生成语句通常又称为 GENERATE 语句,它是一种可以建立重复结构或者是在多个模块的表示形式之间进行选择的语句,格式如下:

[生成语句标号:]〈模式选择〉GENERATE

〈并行处理语句〉；

END GENERATE[生成语句标号]；

模式选择有两种，一是 FOR 模式，一是 IF 模式。

①FOR 模式生成语句。

格式：

[生成语句标号：]FOR 循环变量 IN 离散范围 GENERATE

〈并行处理语句〉；

ENDGENERATE[生成语句标号]；

②IF 模式生成语句。

格式：

[生成语句标号：]IF〈条件〉GENERATE

〈并行处理语句〉；

END GENERATE[生成语句标号]；

（8）并行断言语句。

前面已经说过顺序断言语句，这里的断言语句是并行的，可以放在实体说明、结构体和块语句中使用，可以放在任何要观察和调试的点上，而顺序断言语句只能在进程、函数和过程中使用。其实断言语句的顺序使用格式和并行使用格式是一样的，因此断言语句是可以应用在任何场所的，格式请看顺序断言语句的说明。

思考：

①是不是所有的 VHDL 语句都可以归结为顺序语句和并行语句呢？那么子程序定义是顺序的还是并行的呢？由上面的学习可以知道，子程序可以在三个地方（程序包、结构体、进程）进行定义，而子程序在没有调用之前是不参与执行的，由此可知子程序的定义是属于说明语句，还有元器件的说明也属于说明语句，这个不用多说。因此，可以这样对 VHDL 语句进行归类：顺序语句、并行语句和说明语句。这三类语句的关系是顺语句可以用在并行语句和说明语句当中，说明语句可以用在并行语句当中，而并行语句是不能用在其他语句当中的，可以说并行语句属于一种高级形态，是语句的最终形态。

②子程序分为函数和过程，子程序的调用既可以用在顺序语句中，也可以用在并行语句中，用在顺序语句（进程或者子程序）中就称为顺序调用语句；用在并行语句（位于进程或子程序的外部）中就称为并行调用语句，并行调用语句在结构体中是并行执行的。

③区分信号与变量。信号是全局的，要在并行语句里面说明，变量是局部的，要在顺序语句里面说明；赋值格式不一样；赋值方式不一样，变量是即时赋值的，信号的赋值要到最后才生效；使用地方不一样，信号可以在并行语句里使用也可在顺序语句里使用，而变量只能在顺序语句里使用。

④区分过程和函数。过程可以具有多个返回值（准确来说不是返回值，而是这些信号在过程之中被改变），函数只有一个返回值；过程通常用来定义一个算法，而函数用来产生一个具有特定意义的值；过程中的形式参数可以有三种通信模式（输入、输出、双向），而函数中的形参只能是输入通信模式（因为函数是用来产生一个值的）；过程中可以使用赋值语句或WAIT 语句，而函数不可（因为过程是用来处理的）。

⑤为什么信号不可以在顺序语句里面进行说明呢？是因为信号是全局变量。为什么变

量不可以在并行语句里面进行说明呢？是因为变量只是对暂时数据进行局部的存储，只是一个局部的变量。

⑥信号分为两种：一是外部信号（输出输入信号），即在实体中定义的 IN、OUT、INOUT、BUFFER 和 LINKAGE；一是内部信号（连线信号），即在程序包、实体、结构体中说明的 SIGNAL，用于元器件与元器件的连接。

⑦CASE 语句、条件信号赋值语句和选择赋值语句的结构有点相似，要注意它们的书写格式。

附录 Ⅳ　伟福 EDA2000 型 SOPC/DSP/EDA 实验仪

Ⅳ.1 伟福 EDA2000 型 SOPC/DSP/EDA 实验仪简介

南京伟福公司结合多年 EDA 开发经验，分析国内外多种 EDA 实验仪，取长补短，研发出了伟福 EDA2000 型实验仪，伟福 EDA2000 实验仪（以下简称 EDA2000 实验仪）具有以下多种特点。

（1）综合型实验仪。EDA2000 实验仪可以完成 SOPC/DSP/FPGA/EPLD/iPAC 等各种实验，并且板上自带仿真器（EDA2000），可以完成各种实验。

（2）软开放。EDA2000 采用软开放式结构，对实际电路接线固定，即能工作于高频状态，干扰、辐射也小，且对于学生来说，它又可以用软件方式按设计要求将各 I/O 管脚连接起来。

（3）逻辑分析仪。EDA2000 提供了 8 路逻辑分析仪，采样频率可达 50 MHz，采样深度达 32 K，并可指定采样的触发条件。可以将电路的工作状态采样回来，以波形的方式显示出来，让学生直观地看到电路的工作时序，查出产生错误的原因。

（4）软件连接、模式可变。由于是软开放式的结构，学生在实验或设计时，需要自己连线，EDA2000 采用"软件配置"技术，在软件上接好需要的连线，下载到实验仪即可实现接线，如果连线过程有冲突，软件还会给出提示，能有效避免接错线可能导致的实验仪故障或损坏现象。同时 EDA2000 实验仪还能够将定义好的接线保存在磁盘上，下次做实验或设计时，从盘上读出即可。其频率选择也是采用软件方式设置，无须用跳线。

（5）智能译码。EDA2000 实验仪采用智能译码技术，与软件连接技术相似，软件上设置好译码方式后，下载到实验仪上即可在实验仪实现所要求的译码电路。智能译码不是只提供几种模式供学生选择，否则如果超出了这有限的几种接线之外，学生就会束手无策。伟福的智能译码技术在安全的条件下，可以由学生任意定义接线方式，灵活多变。

（6）软、硬件结合。EDA2000 实验系统采用软、硬件结合技术，可以在计算机的软件上定义实验所要连线，下载到实验仪上即可。实验仪运行的结果可以在软件上观察到，如果想观察高速信号，就用逻辑分析仪采样，传上来进行分析。软件可以将 RAM 的数据下载到实验仪上，供实验仪做 VGA、DAC 等数据输出类实验。也可将 ADC 采样得到的数据上载到计算机的软件中，供学生分析、观察、保存。

（7）适配板与实验仪独立。EDA2000 实验仪采用 FPGA/EPLD 适配板与实验仪主体相互独立的结构，实验仪的显示译码、键盘输出均不占用适配板的资源。适配板与实验仪之间用 I/O 管脚连接，从理论上讲，这种结构可以无限扩展 FPGA/EPLD 实验种类，只要在 FPGA/EPLD 适配板上将正确的 I/O 信号接到实验仪上，就可以对这种 FPGA/EPLD 进行实验和设计，加上伟福的"软件配置"技术，更是如虎添翼，不但可扩展性强，使用也灵活，不再束手束脚。采用这种相互独立的结构，可以在适配板上正对每种 FPGA/EPLD 来设计制作与芯片完全吻全的编程下载电路，使 FPGA/EPLD 的编程下载更加可靠、稳定。可编程下载元器件的种类也不会有限制了，只要有该元器件的适配板就行。用户所要做的事就是将编程并行口接到实验仪上。

（8）多种外部设备。实验仪提供了多种常用外部设备，为学生提供典型的学习电路。这些电路包括并行 ADC、串行 ADC、并行 DAC、串行 DAC、VGA、PS2 鼠标、USB、三线 EEPROM 读写控制、I2C（二线）EEPROM 读写控制、8×8 显示点阵扫描、存储器读写控制等电路，这些电路真实地体现了 EDA 设计的高速、时序严格、抗干扰等特点。

（9）用户控制电路。EDA2000 实验仪提供了一个用户 CPU，并且有外围的键盘、八段数码显示器、液晶显示屏。使得学生不仅能做 EDA 的部分实验和设计，而且可以将各部分组合起来，做完整的系统级的设计。

Ⅳ. 2 EDA2000 硬件结构

1. 总体结构

EDA2000 实验仪的功能框图如附图Ⅳ.1 所示。FPGA/EPLD 为 EDA 实验适配板，通过 I/O 管脚与外部设备和配置电路连接。外部设备有喇叭（蜂鸣器）、并行 ADC（ADC0809）、串行 ADC（TLC549）、并行 DAC（DAC0832）、串行 DAC（TLC5620）、VGA 控制器、PS2 鼠标接口、三线 EEPROM（93C46）、二线 EEPROM（24C02）、8×8 显示点阵、存储器。用户控制 CPU 与 EDA 适配板结合组成完整的系统。"软件配置"技术由配置电路来实现，配置电路从计算机中的 EDA2000 软件开发环境中下载配置定义。将 FPGA/EPLD 的 I/O 管脚按用户要求做相应配置，将八段数码管、发光二极管、键盘接到要接的 I/O 管脚上，如果 FPGA/EPLD 在运行状态，配置电路还会将 FPGA/EPLD 的各 I/O 管脚的状态传到计算机上，在软件界面中显示。

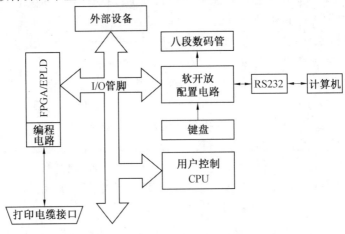

附图Ⅳ.1 EDA2000 实验仪的功能框图

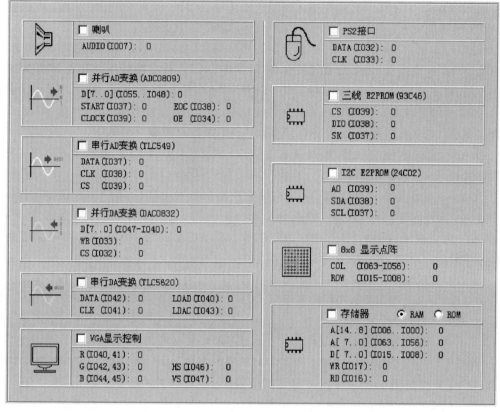

附图Ⅳ.2　EDA2000 实验仪外部设备

2. 外部设备(附图Ⅳ. 2)

(1)并行 AD 变换电路。并行模数转换芯片常采用 ADC0809,ADC0809 有八路 AD 输入,本实验仪只用 IN0,所以三根地址线 ADDA、ADDB、ADDC 接到 GND,正参考电压接VCC,负参考电压接 GND,模拟信号从 IN0 接入。一般情况下 IN0 的信号来自电位器,如果有外部模拟信号从耳机插孔"ADIN"接入,IN0 的输入信号由耳机插孔提供。IO48～IO55 接 ADC0809 的数据线 D0～D7;AD 转换启动信号和地址锁存信号 ALE 接 IO37;转换结束信号 EOC 接 IO38;转换时钟接 IO39;ADC0809 的 ENABLE 接系统控制电路。这样,平常不做 ADC 实验时,系统禁止 ADC 工作,ADC 电路输出为高阻,不会影响到其他电路。当需要做 ADC 实验时,在计算机的 EAD2000 软件中的"外部设备"窗口选中"并行 AD变换",系统会允许 ADC 工作,转换结束后,可以在数据线上读入 AD 转换结果。更详细的使用说明可参考 ADC0809 的数据资料。

(2)串行 AD 变换电路。串行模数转换芯片采用美国 TI 公司的 TLC549,此芯片为 8脚,用串行方式控制,在 CS 片选信号有效时,打入时钟信号,就可以读回上次变换结果并且启动下次 AC 变换。模拟量由芯片 2 脚 AN 输入,正参考电压接 VCC,负参考电压接 GND;7 脚串行时钟信号 CLK 接 IO38;6 脚串行数据信号 DATA 接 IO37;片选信号接 IO36。更详细的使用说明可参考 TLC549 数据资料,可以从 TI 公司的网站下载芯片资料。

(3)并行 DA 变换电路。并行数模变换芯片采用 DAC0832,IO40～IO47 分别接芯片的D0～D7 数据线;芯片片选信号接 IO32;WR2、WR1 两个写接到 IO33;变换后的电流模拟量经过运放 LM324 转成电压，再用 LM324 放大在－6～＋6 V 范围内，用耳机插孔"DAOUT"输出。更详细的使用说明请参考 DAC0832 的数据资料。

（4）串行 DA 变换电路。串行数模变换芯片采用 TI 公司的 TLC5620，芯片为 14 脚，有四通道 8 位 DA 变换器，用串行方式控制，用时钟将 DATA 线上的数据（DA 通道选择、输出范围控制、数字量）依次打入芯片，用 LOAD 信号的下降沿锁存数字量，在 LDAC 信号的下降沿，将变换结果输出。模拟量输出的参考电压接 VCC；串行数据线 DATA 接 IO42；串行时钟接 IO41；数字量锁存信号 LOAD 接 IO40；模拟量输出控制信号 LDAC 接 IO43。本实验仪只用第一路 DA 输出信号，模拟量输出接耳机插孔"DAOUT"。更详细的使用说明参考芯片资料。

（5）VGA 显示控制电路。将 IO40～IO47 控制信号中 IO47 作为 VGA 信号的帧同步信号；IO46 为行同步信号；另外 6 路为色彩信号。其中 IO45、IO44 两位为蓝信号；IO43、IO42 两位为绿信号；IO41、IO40 两位为红信号。经过电阻网络 DA 变换后可提供多达 64 色彩色信号。

（6）PS2 接口电路。PS2 接口为串行通信接口，除了电源和接地之外，只有两根信号线，串行数据线 DATA 接 IO32，串行时钟线接 CLKIO33。通过此接口可连接 PS2 键盘或 PS2 鼠标，并对其进行控制。

（7）三线 EEPROM 读写控制电路。三线 EEPROM 采用 93C46 芯片。该芯片为 8 脚封装，片选 CS 接 IO39；串行时钟 SK 接 IO37；串行数据输出 DO 和串行数据输入 DI 接 IO38；ORG 脚接 GND。有关 93C46 详细的使用方法可参考相关数据资料。

（8）二线 EEPROM 读写控制电路。二线 EEPROM 采用 24C02 芯片，此芯片为 8 脚封装，采用 I2C 控制方式。串行时钟 SCL 接 IO37；串行数据线 SDA 接 IO38；地址线 A0 接 IO39，可在实验中用来了解 I2C 总线控制的寻址方式，其他地址接 GND；写保护脚 WP 接地，为允许写操作。24C02 更详细的使用方法请参考其数据资料。

（9）8×8 显示点阵的控制电路。8×8 显示点阵要采用扫描方式驱动，分为 8 条行线和 8 条列线，行线接 IO56～IO63；列线接 IO8～IO15。列线要经反相驱动后接到显示点阵上。

（10）存储器控制电路。存储芯片采用 32 K×8 bit 的 61M256，数据线接 IO8～IO15；低八位地址线接 IO56～IO63；高七位地址线接 IO0～IO6；读信号接 IO16；写信号接 IO17。

（11）喇叭控制电路。IO7 脚经放大、滤波后驱动喇叭或蜂鸣器发声。控制 IO7 输出不同频率的信号，就可以在喇叭上听到音乐。

（12）用户控制 CPU。用户控制 CPU 通过 I/O 管脚与 FPGA/EPLD 相连接，可以通过 FPGA/EPLD 控制外部设备，也可以将外部设备产生的数据读回来处理。用户通过译码电路将按键、八段数码管的段码、液晶显示屏按照不同的地址分开。

Ⅳ.3 FPGA/EPLD 适配板

EDA2000 实验仪采用 FPGA/EPLD 适配板与主实验仪相互独立的结构，适配板与实验仪之间用 I/O 管脚连接。FPGA/EPLD 的编程下载电路做在适配板上，这样设计制作与芯片完全吻合的编程下载电路，使 FPGA/EPLD 的编程下载更加可靠、稳定，扩展也方便。用户所要做的事就是将并行口编程电缆接到实验仪上。适配板的接线柱将 I/O 信号和 GND 信号接出，可供学生扩展使用或连接到逻辑分析仪上观察信号状态，适配板上两排接线柱所连接的信号名在适配板已有标注。实验仪与适配板之间用三组双排插针将 I/O 信号、编程信号连接起来,如附图Ⅳ.3 所示,J2、J3 为 I/O 信号及电源连接插座;J4 为编程下载信号插座。J2、J3 插座上各管脚的信号定义见随后的原理图(附图Ⅳ.4),J4 插座上 PINx 信号分别接打印接口的对应管脚。

本实验仪配备了 Altera EP1C6 适配板,如附图Ⅳ.3 所示,其布局图及实验仪 I/O 管脚与芯片管脚对应关系如附图Ⅳ.4 所示。

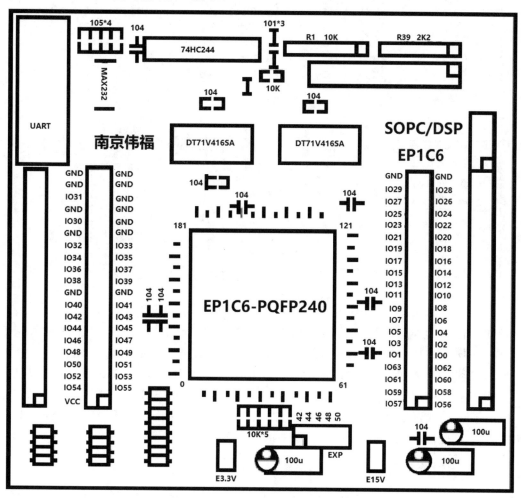

附图Ⅳ.3　Altera EP1C6 适配板

Ⅳ.4 实验仪的模式设置

如果实验仪没有连接到计算机上,也可以用按键的方式选择实验仪的模式和两个时钟的频率。在实验仪上已存有与各种实验相对应的模式数据,用"模式选择(MODE SELECT)"按键和其他键组合来选择模式和两个时钟的频率。选择模式的方法是按住"模式选择(MODE SELECT)"键不松,八段数码管显示"——XX",其中"XX"为当前模式号,按"K7"钮模式号减 1,按"K6"钮模式号加 1,八段数码管同时显示所选择的模式号,当出现需要的模式号时,松开"模式选择(MODE SELECT)"键即可确认;选择时钟频率的方法与

选择FPGA/EPLD板 [EP1C6 ▼]

组G0

IO号	管脚	状态
I000	P73	
I001	P74	
I002	P75	
I003	P76	
I004	P77	
I005	P78	
I006	P79	
I007	P80	

组G1

IO号	管脚	状态
I008	P60	
I009	P59	
I010	P58	
I011	P57	
I012	P56	
I013	P55	
I014	P54	
I015	P53	

组G2

IO号	管脚	状态
I016	P81	
I017	P82	
I018	P83	
I019	P84	
I020	P85	
I021	P86	
I022	P87	
I023	P88	

组G3

IO号	管脚	状态
I024	P93	
I025	P94	
I026	P95	
I027	P96	
I028	P97	
I029	P98	
I030	P28	
I031	P29	

组G4

IO号	管脚	状态
I032	P200	
I033	P201	
I034	P202	
I035	P203	
I036	P204	
I037	P205	
I038	P206	
I039	P207	

组G5

IO号	管脚	状态
I040	P233	
I041	P234	
I042	P235	
I043	P236	
I044	P237	
I045	P238	
I046	P239	
I047	P240	

组G6

IO号	管脚	状态
I048	P1	
I049	P2	
I050	P3	
I051	P4	
I052	P5	
I053	P6	
I054	P7	
I055	P8	

组G7

IO号	管脚	状态
I056	P61	
I057	P62	
I058	P63	
I059	P64	
I060	P65	
I061	P66	
I062	P67	
I063	P68	

附图Ⅳ.4 Altera EP1C6 适配板 I/O管脚与芯片管脚对应关系

选择模式相似,也是按住"模式选择(MODE SELECT)"键不松,按"K5"或"K4"来选择 CLK0 的频率,CLK0 时钟通过实验仪的 IO30 接到适配板上,按"K3"或"K2"键来选择 CLK1 的频率,CLK1 时钟通过实验仪的 IO31 接到适配板上,八段数码管会显示选择的频率,频率单位为 Hz,当选择好频率后,松开"模式选择(MODE SELECT)"键即可确认。为了安全起见,模式设置后,实验仪并没有立即工作,需要再次按下、松开"MODE SELECT"按钮启动,实验仪才会工作。

Ⅳ.5 逻辑分析仪

EDA2000 实验仪提供了功能强大的逻辑分析仪。EDA2000 实验仪上逻辑分析仪可采样 8 路高达 50 MHz 的数字信号,并可指定采样条件,采样深度达 32 K。这样学生在设计好的电路工作时,把想要观察的高速信号采样,可以直观地看到波形的变化、先后时序关系,验证是否符合设计要求。

当需要观察某路逻辑信号状态时,将该路逻辑信号用接线接到 8 路逻辑分析仪探针中的一路,如果有多路逻辑信号需要同时观察,可同时将 8 路信号接到逻辑分析仪探针的接线柱上。如果实验仪与计算机连接好,逻辑信号的状态就可以传到计算机上。

Ⅳ.6 实验仪的自检

每种适配板都提供了一个测试程序,供测试 EDA2000 实验仪和适配板是否有问题。

打开每个适配板的实验样例的目录下的"TEST. VHD",综合/编译后下载到实验仪上,按住实验仪上的"MODE SELECT"键不松,再按实验仪上的"TEST"键(即 K0 键),实验仪进行自检,先自动检测所有的 I/O 管脚,在自动检测过程中,若有 I/O 管脚连接错误,实验仪在八段数码管上显示错误信息。然后自动检测八段数码管的位和段,再手工检测 LED 发光管和键的工作是否正常:按下 K0～K8 键,该键上方所对应的 L8～L15 发光管会从亮变灭,对应的 L0～L7 发光管会从灭变亮;松开键,所对应的 L8～L15 发光管会从灭变亮,对应的 L0～L7发光管会从亮变灭。

Ⅳ.7 EAD2000 软件使用

EDA 实验仪可以通过软件来设定工作模式,并可以对设定的模式进行保存和读入,在软件界面上可以看到 I/O 管脚的当前状态,逻辑分析仪各管脚的状态。

EDA2000 软件的主界面如附图Ⅳ.5 所示,左边为系统功能选择和 I/O 管脚状态显示,如模式文件的打开和保存,软件与硬件的连接等。右边为实验仪功能化的窗口显示,分结构框图窗口、逻辑分析窗口、存储器窗口、I/O 管脚定义窗口四部分。在结构框图窗口中,可以将八段数码管、发光二极管、键盘连接到所要观察的 I/O 管脚,以便在各种工作模式情况下将 I/O 管脚的状态直观地显示出来,并可以随时改变 I/O 管脚的连接状态;在逻辑分析窗口中,可以用高达 50 MHz 的频率采样 FPGA 或 EPLD 的工作波形,使其在逻辑分析窗口中以波形显示,供学生分析电路的工作情况,即使不采样波形信号,实验仪也会向计算机回传逻辑探针的状态,这就可以将逻辑分析仪作为逻辑笔来用,用来观察低速的信号。

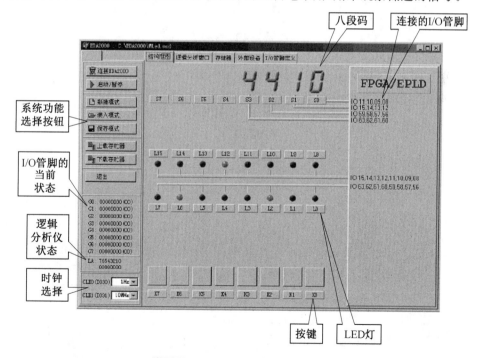

附图Ⅳ.5　EDA2000 软件的主界面

实验仪还提供了一个 32 K 存储器,用于 FPGA/EPLD 对存储器的访问实验,在存储器器窗口中,可以对 32 K 的 RAM 进行填充、移动、从文件读入、写到文件中等操作。这些数据可下载到实验仪上，也可以从实验仪上载数据到存储器窗口，这样在做 ADC、DAC、VGA 实验时就可以提供不同数据。ADC、DAC 等外部设备的工作情况可以在外部设备窗口中设定、修改。

因为有些外部设置使用相同的 I/O 管脚，在设置时若有冲突，软件会给出提示。在 I/O 管脚定义窗口中，可以观察各种 FPGA/EPLD 的管脚与 I/O 管脚之间的对应关系，以及各管脚的当前状态。

（1）连接 EDA2000。EDA2000 连接界面如附图 Ⅳ.6 所示，设置软件与 EDA 实验仪的串行口连接。当正确连接到实验仪后，此按钮处于下陷状态，图标为"绿勾"，表示连接正确；若选择串行口不对，或实验仪没接电，软件与 EDA 实验仪不能正确通信，此按钮会自动弹起，图标为"红叉"。

附图 Ⅳ.6　EDA2000 连接界面

（2）启动/暂停。启动/暂停界面如附图 Ⅳ.7 所示，下载实验仪工作模式，启动 EAD2000 实验仪。启动状态为按钮下陷，图标为"‖"，表示处于运行状态，当按钮弹起，图标为"＞"，表示处于暂停状态。在实验仪工作时，若改变了工作模式，可能会引起实验仪和 EDA2000 适配板的故障，为了安全起见，软件会自动将实验仪暂停，当模式完全设置好后，按此键重新启动实验仪。

（3）新建模式。清除原有的模式中的设置，新建模式界面如附图 Ⅳ.8 所示，建立一个新的空模式，让用户重新建立 I/O 管

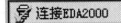

附图 Ⅳ.7　启动/暂停界面

脚的连接关系、定义模式。新建模式时,原有的八段数码管、发光二极管、键盘的属性、连接关系会被自动清除。

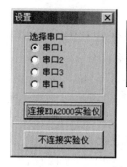

附图Ⅳ.8 新建模式界面

(4)装入模式。打开已有的模式设置文件。当模式文件出错或不存在时,软件会建立一个新模式,让用户重新定义。模式文件的缺省后缀为"＊.MOD"。

(5)保存模式。已定义好连接的模式保存到文件中,以便下次打开。

(6)上载存储器。将 EDA 实验仪的存储器的内容上载到计算机的软件中。用此功能可以将实验仪 ADC 采样到的数据回传到计算机,在 EDA2000 软件的存储器窗口显示,对数据进行分析。可以用存储器的"写文件"功能将数据保存,便于下次分析比较。

(7)下载存储器。将计算机 EDA2000 软件的存储器窗口的内容下载到 EDA2000 实验仪的存储器中。用此功能可以将图像数据文件下载到实验仪,用 VGA 来显示,也可以将 DAC 所需的数据传到实验仪,用 DAC 转换成模拟量输出。对不同的应用,EDA2000 软件的存储器窗口可从盘上读取不同的数据文件。

(8)退出。退出 EAD2000 软件环境。

实验仪共有 64 路 I/O,分 8 组,每组 8 路,在附图Ⅳ.6 中 G0~G7 表示 8 个组,各组I/O管脚的当前状态可以实时观察到,后面括号中为该组 8 路信号的十六进制值。64 路I/O管脚的状态还可以从"I/O 管脚定义"窗口中观察到,在该窗口中可以选择不同的 EDA 适配板,看到各个 EDA 适配板的每个 I/O 管脚对应的 FPGA/EPLD 的实际管脚。

实验仪提供了 8 路逻辑分析仪,最高采样频可达 50 MHz,这 8 路逻辑探针还可以作为逻辑笔来观察慢速信号。附图Ⅳ.6 中,LA 显示的是逻辑分析仪的当前状态,通过这里可以观察一些变化较慢的信号,把逻辑分析仪当逻辑笔来用。要想观察高速的逻辑信号,就要在逻辑分析窗口里,对信号实时采样,分析采样到的数据。逻辑分析仪的使用将在后面介绍。

实验仪提供了两路时钟,用软件的方式进行选择,而无须硬件跳线。供选择的时钟共有 50 MHz、25 MHz、10 MHz、1 MHz、100 kHz、10 kHz、1 kHz、100 Hz、10 Hz、1 Hz 10 种。两路时钟信号固定接到 IO30 和 IO31,在连接到 EDA 适配板时,这两个时钟作为 FPGA/EPLD 的全局时钟输入,方便设计需要。

EAD2000 实验仪为半开放式结构,采用软、硬件结合,智能化软接线方式,用户在软件上设置、连接,下载到实验仪上,就可以将 I/O 管脚经设定的译码电路接到显示器件(八段数码管、发光二极管)上,这样就可以直接观察 I/O 管脚状态,学生无须在开始做 EDA 设计时先做译码电路,也不需要手工连接很多繁杂接线。做不同的 EDA 设计,只要在软件中按设计需要任意定义不同的 I/O 管脚连接,灵活多变,而不是让学生在固定的几种模式中选择,自己定义的连接可以保存到盘上,供下次实验时使用。结构框图窗口如附图Ⅳ.10所示,在此窗口中可以将八段数码管、发光二极管、键盘连接到I/O管脚上,直观地观察I/O管脚状态。八段数码管有两连接方式:四位数据经译码后显示成十六进制值以及八位数据直接驱动八段数码码。发光二极管也有两种连接方式:直接接到I/O管脚、显示该I/O管脚的高低状态以及连接到相应的键盘上,显示相应键盘的值。发光二极管有四种颜色可选。键盘有四种输出方式:常低(上升沿)、常高(下降沿)、高/低反转、四位计数器。在器件(八段数码管、发光二极管、键盘)上按下鼠标右键可以改变该器件的属性,这些属性包括是否连接到I/O管脚、所连接I/O管脚号、连接方式、显示的颜色、器件标记名称等。设置完成后,会在右边的"FPGA/EPLD"上显示出该器件连接的I/O管脚号,若器件的某些脚没有接I/O信号,会以"="显示。如果软件已经连接到EDA实验仪,在此界面上按键,同样可以控制实验仪,也会将实验仪上显示结果回传到软件界面显示出来。

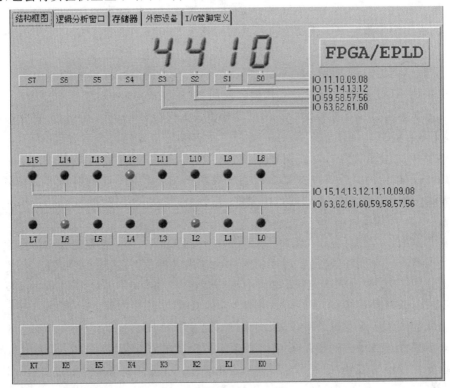

附图Ⅳ.9　结构框图窗口

在八段数码管上按下鼠标右键,就会出现如附图Ⅳ.11的八段数码管属性设置对话框,在"连接类型"中有三种选择:不连接、4—16译码器、8段发光管。当选择"不连接"时,此八段数码管不接到任何I/O管脚上;当选择"4—16译码器"时,会有4位信号经过译码到八段数码管显示(附图Ⅳ.10(a)),4位输入的信号为Bit3~Bit0,可以用下拉菜单选择4位信号各自连接的I/O管脚,其中的某位也可以选择"不连接"方式,这时此位不接I/O管脚,译码时按照低电平译码。"信号名"为此八段数码管的标记名,显示在软件上便于识别;当选择"八段发光管"时,会有8位数据显示在八段数码管的相应位置,如图Ⅳ.10(b)所示,8位数据对应Seg a~Seg h段,用下拉菜单选择各自连接的I/O管脚,如果某段选择了"不连接"

方式，那么该段不接到任何 I/O 管脚，此段对应的发光管不亮。

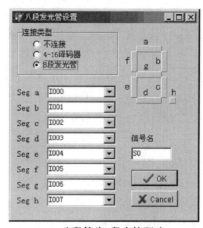

(a) 八段管为4-16译码　　　　　　　　(b) 八段管为8段直接驱动

附图Ⅳ.10　八段数码管属性设置对话框

在发光二极管上按下鼠标右键，出现如附图Ⅳ.11所示的发光二极管属性设置对话框，在"连接类型"中有三项选择：不连接、连接到对应键、连接到 I/O。当选择"不连接"时，此发光二极管不接到任何 I/O 管脚上，软件中以银白色显示此发光二极管；当选择"连接到对应键"时，就将此发光二极管接到实验仪下方的对应的键盘上，此时发光二极管显示的是键盘所连接 I/O 管脚的值（参见随后键盘设置说明）；当选择"连接到 I/O"时，可用下拉菜单选择所连接的

附图Ⅳ.11　发光二极管属性设置对话框

I/O管脚，I/O 管脚的状态就会在此发光二极管上显示出来。在软件上发光二极管有 4 种颜色可供选择，分别为红色、绿色、蓝色、黄色，可用下拉菜单选择。信号名处填上此发光二极管的名称，在观察信号时便于识别。

在键盘上按下鼠标右键，会出现如附图Ⅳ.12 所示的键盘属性设置对话框，有 5 种连接类型：不连接、上升沿（常低）、下降沿（常高）、高/低、4 位计数器。当选择"不连接"时，键盘不接到任何 I/O 管脚上；当选择"上升沿（常低）"时，可以用下拉菜单选择连接的 I/O 管脚，此 I/O 管脚的状态为常低，当按下键盘时，产生一个上升沿，I/O 管脚变高，当松开键盘时，I/O 管脚恢复低，产生一个下降沿，如果有发光二极管对应接到此键，当 I/O 管脚高时，发光二极管就亮，反之不亮；当选择"下降沿（常高）"时，用下拉菜单选择此键连接的 I/O 管脚，此 I/O 管脚的状态为常高，当按下键盘时，产生一个下降沿，I/O 管脚状态变低，松开键盘时，I/O 管脚恢复高状态，产生一个上升沿，如果有发光二极管

附图Ⅳ.12　键盘属性设置

对应接到此键,当 I/O 管脚高时,发光二极管就亮,反之不亮;当选择"高/低"时,用下拉菜单选择键盘所连接的 I/O 管脚,当按下键盘时,I/O 管脚的状态翻转一次,原来 I/O 管脚为高按键后变为低,若原来 I/O 管脚为低,按键后变为高,松开键盘 I/O 管脚状态不会发生变化,若有发光二极管接到此键,当 I/O 管脚为高时发光二极管亮,I/O 管脚为低时,发光二极管不亮;当选择"4 位计数器"时,键盘模拟一个 4 位的计数器,每按键一次,计数器加 1,此时键盘有 4 位输出,接到 4 个 I/O 管脚上,用下拉菜单选择计数器各位所连接的 I/O 管脚,如果其中某位选择了"不连接",则计数器的相应位就不会输出。若有发光二极管接到此类键,当计数器值为 0 时(所有 4 位都为低),发光二极管不亮,计数器值在 1～15 时,发光二极管为亮。

EDA2000 实验仪连接了很多外围电路,如附图Ⅳ.13 所示,包括 AD 变换、DA 变换、VGA 控制、PS2 鼠标、E2PROM、8×8 显示点阵、存储器等,这些设备可能会共用相同的I/O 管脚,为避免发生冲突,在软件上要设置好,如果有冲突应加以提示。外部设备窗口就对这些电路提供了管理功能。在做实验时,若要使用某个外部设备,在该设备前的框内选中即可,如果其他外部设备与该设备使用相同的 I/O 管脚,软件会给出警告。若设备被选中,且实验仪为运行状态,可即时看到该设备所连接的 I/O 管脚的状态。

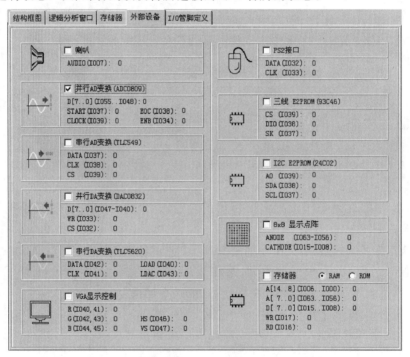

附图Ⅳ.13 外围电路

EDA2000 实验仪有 64 个 I/O 管脚,各管脚定义如附图Ⅳ.14 所示,分别对应于不同EDA 适配板上的 FPGA/EPLD 的管脚,在 I/O 管脚定义窗口中,可用下拉菜单选择 EDA适配板,当选择好 EDA 适配板后,I/O 管脚与 FPGA/EPLD 芯片的管脚对应关系以分组的方式显示出来,当实验仪置于运行状态时,还可以实时观察到该管脚的状态。

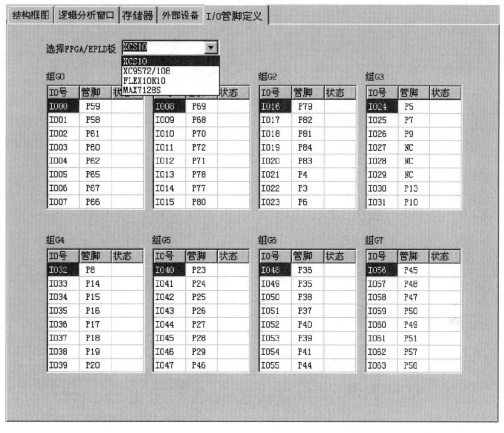

附图Ⅳ.14　I/O管脚定义

参 考 文 献

[1] 包亚萍.数字逻辑设计与数字电路和实验技术[M].北京:知识产权出版社,2012.

[2] 王永军,李景华.数字逻辑与数字系统[M].北京:电子工业出版社,2005.

[3] 邵时.数字电路设计与实践[M].上海:华东师范大学出版社,2003.

[4] 朱正伟.数字电路逻辑设计[M].北京:清华大学出版社,2006.

[5] 沈建国,雷剑虹.数字逻辑与数字系统基础[M].北京:高等教育出版社,2004.

[6] 张亦华,延明,肖冰.数字逻辑设计实验技术与 EDA 工具[M].北京:北京邮电大学出版社,2003.

[7] 江国强.现代数字逻辑电路[M].北京:电子工业出版社,2002.

[8] 王尔乾,杨士强,巴林凤.数字逻辑与数字集成电路[M].2 版.北京:清华大学出版社,2002.

[9] 刘真,李宗伯,文梅,等.数字逻辑原理与工程设计[M].北京:高等教育出版社,2013.

[10] 绳广基.数字逻辑电路设计与实验[M].上海:上海交通大学出版社,1988.

[11] 徐莹隽,常春.数字逻辑电路设计实践(BZ)[M].北京:高等教育出版社,2008.